973 计划项目(2014CB744300)资助

油页岩分选富集研究

张志军　赵　亮　著

U0337860

中国矿业大学出版社

·徐州·

内 容 简 介

油页岩是一种重要的能源资源。通过分选脱除部分杂质,可以实现油页岩的清洁高效利用。本书以山东龙口油页岩为研究对象,深入解析其组成与结构,并且分别采用重选、浮选和化学分选(酸洗脱灰)等方法研究了油页岩分选的可行性。研究结果表明,通过分选实现了油母质的富集,油页岩精矿含油率明显提高,提升了干馏效率,同时减少了干馏残渣。

本书可供从事油页岩生产、科研的工作者,高等学校、科研院所的相关研究人员,以及相关专业的大专院校师生阅读参考。

图书在版编目(C I P)数据

油页岩分选富集研究/张志军,赵亮著. 一徐州:
中国矿业大学出版社,2020.5
ISBN 978 - 7 - 5646 - 4620 - 2

Ⅰ. ①油… Ⅱ. ①张… ②赵… Ⅲ. ①油页岩—油气聚集—研究 Ⅳ. ①P618.130.2

中国版本图书馆 CIP 数据核字(2020)第 027588 号

书　　名	油页岩分选富集研究
著　　者	张志军　赵　亮
责任编辑	陈　慧
出版发行	中国矿业大学出版社有限责任公司
	(江苏省徐州市解放南路　邮编221008)
营销热线	(0516)83884103　83885105
出版服务	(0516)83995789　83884920
网　　址	http://www.cumtp.com　**E-mail**:cumtpvip@cumtp.com
印　　刷	江苏凤凰数码印务有限公司
开　　本	787 mm×1092 mm　1/16　**印张** 6.75　**字数** 120 千字
版次印次	2020 年 5 月第 1 版　2020 年 5 月第 1 次印刷
定　　价	28.00 元

(图书出现印装质量问题,本社负责调换)

前　言

　　能源是社会发展必不可少的物质基础,对经济发展和文明建设有巨大的推动作用。21 世纪以来,能源短缺、对外依存度高的问题严重制约着我国经济的发展。油页岩是一种重要的替代能源资源,而我国油页岩资源又储量丰富,全国各地有广泛分布,因而油页岩的综合开发利用,特别是油页岩的干馏炼油,在我国具有广阔的发展前景。

　　油页岩又称油母页岩,是一种由无机矿物质和固体有机质组成的沉积岩。其中,无机矿物质构成其骨架结构,固体有机质嵌布其中。油页岩中的有机质主要为不溶于有机溶剂的油母质(又称干酪根),另有少量的沥青质。油页岩加热至 500 ℃左右,油母质热解生成页岩油,油页岩的热解一般也称作干馏。页岩油与石油性质近似,但不相同,经过深加工后,可以制取不同类别的油产品。

　　我国开发利用油页岩已有数十年的历史,主要集中在油页岩干馏制取页岩油和热解气以及油页岩作为燃料直接燃烧等方面,尤其在干馏炼油方面积累了丰富而成熟的技术经验。目前油页岩干馏主要是直接干馏,但因其含有大量的无机矿物质,这种方法不仅影响干馏效率,也易导致环境污染。加工成本和环境问题成为限制油页岩开发利用的主要因素。

　　分选是实现有用矿物和脉石矿物分离的有效手段。对油页岩进行分选加工,脱除部分脉石矿物,富集有机质,可以有效提高油页岩原矿品位。油页岩预先分选后，再进行干馏炼油，可以提高干馏效率，降低干馏成本，同时也能减少干馏残渣产量，降低环保成本，因此，通过分选可以实现油页岩的清洁、高效利用。在这种形势下，有关油页岩分选的研究具有重要意义。

本书以山东龙口油页岩为研究对象，运用选矿学相关领域的理论（包含物理分选和化学分选），从理论上验证油页岩分选的可行性，用理论指导解决油页岩分选过程中的各个问题，优化分选效果，通过分选富集油母质，实现油页岩的高效、清洁利用。全书共分为5章，第1章简要介绍了油页岩及其利用，并从组成结构、热解和分选三个方面总结了油页岩的研究现状，结合油页岩的工业应用，阐述油页岩分选富集的重要意义；第2章为油页岩基础性质研究，主要研究了龙口油页岩的无机矿物质与有机组分的组成和结构；第3章为油页岩的重力分选富集研究，通过浮沉试验对油页岩可选性进行分析，并通过重介旋流器分选试验系统对油页岩进行重选研究；第4章为油页岩的浮选富集研究，通过油页岩表面疏水性和浮选速率试验进行可浮性分析，并在不同条件下进行浮选试验，研究不同捕收剂和分散剂对油页岩浮选效果的影响；第5章为油页岩的化学分选富集研究，主要研究了酸洗处理对油页岩的矿物质脱除效果以及干馏效果的影响。

本书是作者近年来从事油页岩研究的成果汇总，研究内容获得973计划项目（2014CB744300）"油页岩高效油气炼制与过程节能科学基础"的资助，团队研究生贾红伟、杨小霞、张瀚宇等为本书的实验开展、撰写、校稿做了大量工作，在编辑出版过程中得到中国矿业大学出版社的支持和帮助，在此一并表示衷心的感谢。

限于作者水平，书中不妥之处在所难免，敬请读者批评指正。

作　者
2019 年 10 月

目　　录

第1章 概　　述

1.1　油页岩的定义及特性

　　油页岩又称油母页岩,是一种由无机矿物质和固体有机质组成的沉积岩,其中,无机矿物质构成骨架结构,固体有机质嵌布其中。油页岩中的有机质主要为不溶于有机溶剂的油母质(又称干酪根),以及少量的沥青质。油页岩加热至 500 ℃左右,其油母质热解生成页岩油,油页岩的热解一般也称作干馏。页岩油与石油性质近似,但不相同,经过深加工后,可以制取不同类别的油产品。油页岩除用作干馏炼油外,还可用于燃烧发电、制取水泥等建材。

　　油页岩的特性总结如下[1-2]:

　　(1)油页岩多为片理状结构,孔隙度低,受外力作用时有可能按层状分开成薄片,不同产地油页岩的片理性有很大的差异,其颜色差异也大。

　　(2)油页岩主要由无机矿物质、有机质和水分构成,其中无机矿物质的含量占主要部分,一般为 50％～85％,有机质的含量低于 35％。

　　(3)油页岩中的有机质主要为油母质和少量沥青质,油母质是有机高分子聚合物,不溶于普通有机溶剂,而沥青质可溶于有机溶剂,沥青质的含量很低,一般不超过油页岩总质量的 1％。

　　(4)在隔绝空气或氧气的情况下,加热油页岩升温到 500 ℃左右(也就是干馏)时,油页岩会发生热解,生成页岩油、热解气、半焦(干馏时油页岩中的矿物质和有机质受热后发生反应所得的固体含碳残渣)及少量的热解水。

　　(5)与煤炭燃烧类似,油页岩也可以直接在锅炉内与氧气燃烧,可供热、发电。

　　(6)油页岩中的油母质较为均匀地分散在黏土质或泥土质的矿物基质内,

其碳氢原子比大于 1.2。

油页岩与煤、油砂的区别：

（1）油页岩是一种黑色或灰褐色的固体，具有片理状结构；褐煤一般呈现褐色，烟煤以及无烟煤则一般呈现黑色并且带有金属光泽；油砂呈褐、黑色。油页岩主要是低等植物经过复杂的演变形成，而煤主要是高等植物经复杂的演变形成。

（2）油页岩与煤都是由有机高分子聚合物和无机矿物质构成。油页岩里的油母质大多属于腐泥质或者腐泥-腐殖质，而煤中有机质大部分属于腐殖质。油页岩中油母质质量占油页岩的质量一般不大于 35％，而煤中所含的有机质则通常高于 75％。油页岩中有机质的碳氢原子比通常高于煤中有机质的碳氢原子比，因此，油母质热解生成的页岩油通常多于煤中有机质热解生成的油（以相同质量的有机质为基准作比较），但因为油页岩中所含的无机矿物质一般多于煤，也就是油页岩中有机质一般少于煤中含量，故相同质量的油页岩热解所生成的页岩油质量不一定大于煤热解生成的油。另外，油页岩的热值一般较低，要比煤小得多（以相同质量的干基为基准作比较）[1,3]。

（3）油页岩和油砂差异很大，油页岩中油母质是有机高分子三维聚合物质，不溶于有机溶剂；油砂则是稠油包覆的砂岩颗粒、石灰岩或别的沉积岩经演变形成，一般使用热碱水溶液可以从油砂颗粒中提取获得稠油，制取的稠油一般可以溶于有机溶剂。

1.2　油页岩的利用

1.2.1　油页岩的利用途径

油页岩的利用一般包含两种途径：

（1）油页岩干馏炼油：油页岩干馏生成页岩油，对页岩油深加工，可制得柴油、汽油等各种产品。

（2）油页岩直接燃烧发电：油页岩直接作为燃料，将其燃烧发出热量加热水产生水蒸气来进行发电。

此外，油页岩加工处理后会生成大量的灰渣（约为油页岩总处理量的 60％～80％），能够用来生产水泥、空心砌块等建筑材料，还能够用来生产白炭黑、氧化铝、稀土元素等化工产物，可加工成肥料和制作土壤改良剂等用于农业方面，还可以用作分子筛、吸附剂,用来处理废气和废水等。

由于技术的快速革新和环保要求的不断提高,油页岩从最开始作为燃料直接燃烧或干馏转变为广泛的全面利用,很大程度上促进了油页岩资源的使用效率,使生产的成本下降,也减轻了对环境的破坏,为资源的可持续利用及发展提供了良好的保障。

1.2.2 油页岩的干馏

油页岩低温热解,也称干馏,指在隔绝空气条件下将油页岩加热至温度500 ℃左右,使其热解,生成页岩油、页岩半焦和热解气的方法。油页岩的干馏一般由以下三个过程组成:(1)油页岩加热升温过程。由气体热载体或固体热载体,将热量传递到油页岩表面,然后向油页岩内部传递。升温所需时长与油页岩的粒度有关,粒度越细,则热量越易传递到油页岩内部,其升温所需时间越短。(2)油页岩热解过程。当油页岩加热到一定温度以后,油母质开始热解,生成大量页岩油及热解气,并且油页岩里的一定量矿物质也会热解,释放少量化合水和二氧化碳。(3)热解气逸散并逸出的过程。热解产生的液态物质受热气化,由油页岩里面的孔洞及毛细管逸散至油页岩外,随后依靠油页岩之间的缝隙逸出至油页岩层外,依靠排气管逸出干馏设备。这三个过程均需要一定时长,它们不是先后单独发生,而是互相关联,同时发生。

国内外研究[4-8]表明,干馏终温、终温维持时间、升温速率及油页岩粒度是影响油页岩低温热解的重要因素。干馏终温影响有机质的热解程度,随着干馏终温的升高,油母质热解程度加深,页岩油产率逐渐增加,其大量放出页岩油的温度范围为400~600 ℃,同时也会放出化合水和热解气。干馏终温对热解生成的页岩油性质也有影响,随干馏温度升高,页岩油馏分组成逐步变大,其相对密度和凝固点随之上升。研究表明,当干馏终温较低时,页岩油产率随终温维持时间延长而增加。当提高干馏终温,有机质热解所需时间逐渐缩短。由于不同地区油页岩性质差异,其热解过程所需干馏终温和维持时间也不同。适当增大升温速率,可以增加油页岩的热解程度,使热解产物(除半焦外)的产率相应增加;此外,提高升温速率,可降低升温时长,使热解产物在干馏炉内的滞留时间相对变短,这样就降低了热解产物发生二次反应及裂解的概率,有利于提高页岩油的产率。油页岩的导热性不好,随着粒度增大,干馏时其表面温度与中心温差变大,热传导时间增长,热解时间增加,并且油页岩内部热解气不容易逸散出。在其他条件恒定的情况下,粒度大的油页岩比粒度小的油页岩完全热解所需时间更长。

油页岩干馏工艺分为地下干馏和地上干馏[9]。

地下干馏法指油页岩不需要被开采出来,在地底下给其提供热量让其升温进行干馏(或者给地下矿层通入空气,使一部分油页岩升温达到着火点开始燃烧,利用其生成的热量给上面的油页岩加热进行干馏;也可以把电热棒直接插入油页岩层中通电发热让油页岩升温进行干馏),地下油页岩矿石受热后发生热解,产生页岩气,将其输送到地表冷却制得页岩油。地下干馏的方式中油页岩无需进行开采就可以直接进行干馏,所以降低了大量的采掘费用,即减少了页岩油的炼制费用。但地下干馏产生的页岩气很容易向周边岩层渗漏,结果使油收率大大降低,并且会引发油气对岩层的污染问题。目前,地下干馏的方法还停留在试验研究阶段,尚未应用在工业生产上。

地上干馏即油页岩采掘并运输到地上,然后通过一系列的破碎和筛分作业,使其达到设备需要的粒度要求,再送入干馏炉中加热进行干馏,产生页岩油、热解气及半焦(灰渣)。与地下干馏法相比,地上干馏法的建厂成本较大,但与此同时它的油收率也高很多。地上干馏生成的半焦(灰渣)需做必要的处理,进行综合利用,这样不仅能够减少对环境的破坏还能提高经济效益。地上干馏法包括直接传热法和间接传热法两种方式。直接传热法是将热量通过器壁直接传导到干馏室内。相对于间接传热,直接传热速率很快、效率很高,所以目前工业中应用的干馏方法一般都是直接传热法,即让油页岩和热载体直接接触进行热量传递。

根据热载体的形态不同,直接传热法又可分为气体热载体法(使用气态物质作为载体来传递热量)和固体热载体法(使用固态物质作为载体来传递热量)。

气体热载体法干馏技术主要有中国抚顺式炉干馏技术、美国联合油 SGR 干馏技术、爱沙尼亚发生式炉和基维特炉干馏技术、俄罗斯发生式炉干馏技术、巴西佩特洛瑟克斯炉干馏技术、日本 Joseco 干馏技术。

固体热载体干馏技术主要包括中国大工新法干馏技术、美国 Tosco-Ⅱ 干馏技术、德国 LR 干馏技术、爱沙尼亚葛洛特炉干馏技术、加拿大塔瑟克炉干馏技术[5]。

1.3 油页岩分选富集的研究现状

1.3.1 油页岩的组成和结构研究

油页岩是由固体有机质(油母质、沥青)分布于无机矿物质骨架中组成的一种沉积岩,其中无机矿物质的含量占主要部分,一般为 $50\%\sim85\%$,有机质的含量低于 35%。因此,查明油页岩中无机相和有机相的赋存状态和性质结构,是非常有必要的。

对于油页岩无机矿物质的研究,主要集中在矿物质组成、含量及结构等方面。通过过氧化氢湿法灰化法与等离子体氧化低温灰化法除去油页岩中的有机质,再应用 X 射线荧光光谱分析(XRF)、X 射线衍射分析(XRD)、扫描电子显微镜-能量弥散 X 射线谱(SEM-EDS)、X 射线光电子能谱(XPS)等现代分析测试仪器对其进行物相组成和化学成分的分析。研究表明[10-11],油页岩中无机矿物质以石英、长石和高岭石为主,还有少量方解石、白云石、硫铁矿等;化学组成上,以 O、Si、Al、Fe、Ca、Mg、K、Na、S 为主要组成元素,还含有 Ti、Cr、Ni、Cu、Rb、Sr、Mn 等微量元素。通过超临界甲苯法或使用过氧化氢处理去除干酪根及沥青质,得到无机矿物骨架(即抽余物),研究发现抽余物是各种无规则组合的相互胶结的矿物质颗粒组成的骨架及骨架内各种矿物质颗粒之间形成的形状各异的许多细微孔穴。

油页岩中的有机质绝大部分是油母质,沥青质的含量一般不超过 1%。关于沥青质的研究,通常是利用索式提取器在常压下用有机溶剂提取沥青质,分析结果表明,其芳构部分主要为单环和双环,很少出现三环以上的稠环结构[12]。油母质,又称干酪根,主要通过多酸联合酸洗脱除油页岩中的矿物质制得,通过红外光谱研究油母质的脂碳结构,利用核磁共振波谱法测定油母质的芳碳率。研究表明[12-13],油母质以脂碳结构为其主要组成。长链脂碳是油母质碳骨架结构的主要存在形式。油页岩主要族组分胶质和沥青中的芳碳原子,多以 3~4 个环的渺位稠合和 6~7 个环的迫位稠合的形式存在,它们在油页岩热解过程中主要生产焦炭而不是页岩油,只能靠脂碳烃生油。研究还指出,芳烃、胶质、沥青等取代率均在 0.4~0.6 之间,彼此接近,这表明油母质芳族之间通过取代基团而相互连接,形成油母质三维网络结构。

1.3.2 油页岩的分选研究

油页岩中的无机矿物质分为三种:原生矿物质、次生矿物质和外来矿物质。原生矿物质来自生成油页岩的原始物质,它们死亡沉积后,其有机体分解、转化为油母质的同时,自身含有的无机物质也进入油页岩中,这部分矿物质也被称为油页岩的内在矿物质。内在矿物质与有机质紧密结合,很难与有机质分离。次生矿物质是在油页岩生成的过程中进入油页岩中的矿物质,它们以固体状态或者悬浮液的状态被流水带入油页岩中,其中以黏土矿物为主,还有一部分是沙子和溶于水的盐类(比如硬水中的盐类)沉淀而成。外来矿物质是在油页岩的开采过程中,从周围的岩层(如底板、覆盖层和夹层)夹带到油页岩中的矿物质。这三种矿物质中,外来矿物质比较容易用物理选矿的方法进行分离[13-14]。

目前,国内外对油页岩分选方面的研究和报道很少。有学者根据有机物与无机物疏水性的不同,对中国抚顺和茂名油页岩进行浮选处理。研究结果表明[15],粒度为 $0.074\sim0.125$ mm 的油页岩,浮选效果较好。有些捕收剂对油页岩浮选均有一些效果,如油酸类和煤油类,但不是很理想,需要找到更好的药剂。国外有学者通过研究发现[16],可通过浮选进行油页岩无机质的分离,而且入料粒度和药剂对浮选效果有很大影响。油页岩粒度适中时可浮性效果最好,粒度小浮选速度快但选择性差,再细则没有选择性;粒度大选择性好但浮选速度慢,再粗则不能浮出。捕收剂可采用煤油、油酸等。还有研究表明胺类捕收剂[17]也能提高浮选效果,但浮选效果不理想[18]。

有些学者应用化学选矿法来分选油页岩。对于矿物质分布均匀且与有机质结合紧密的油页岩来说,化学选矿法分选效果较好。油页岩具有与煤炭相似的无机矿物组成,可借鉴煤炭化学脱灰的方法,如碱氧化法、酸处理法、酸碱处理法等。柏静儒等[19]利用 HF-HCl 法对桦甸油页岩进行脱灰试验研究,发现温度为 75 ℃,固液比为 $1:10$,酸浸时间为 2 h 时,高灰油页岩可降灰至 4.13%,且脱灰后热解速度加快;大颗粒油页岩脱灰效果好。还有研究发现[20],酸洗脱灰会使得油页岩的孔隙度增加,比表面积增大,有助于热解反应的进行,热解速度变快。

除了传统上的物理分选和化学分选之外,还有采用超声波法对油页岩中有机质和无机质进行分离的研究。有研究表明[21],经过超声波处理后,油页岩在酸处理的条件下可分离出油母质,高岭土和菱铁矿可在稀酸条件下被分离出来,伊利石和石英需要在浓酸条件下才能从油页岩中分离,并得到孔隙度高、比表面积大的油母质。国外有学者研究还发现[22]，油页岩经过超声波处理后，能提高浮选效果，脱灰效果能达到 20% 以上。

1.4 油页岩分选富集的意义

油页岩干馏的主要产品为页岩油，油页岩的铝甑含油率是评价某一个油页岩矿藏的利用可行性的重要指标。在我国，一般情况下对于可供露天开采的有相当储量的油页岩矿藏，通常认为如果其平均的铝甑含油率在 5% 以上，在经济上是值得干馏炼油的。对于需要井下开采的有相当储量的油页岩矿藏，其铝甑平均含油率应在 10% 以上，在经济上才值得干馏炼油。要想使得低含油率的油页岩开采在经济上可行，油价是很重要的原因。

但从油页岩品级来看[23]：我国油页岩资源总量约为 7 200 亿 t，页岩油资源为 470 多亿吨，其中：45.4% 的油页岩资源含油率在 3.5%～5%，其中所含页岩油资源占全国页岩油总量的 32.30%；37.0% 的油页岩含油率在 5%～10%，所含页岩油占全国页岩油总量的 38.25%；还有 17.6% 的油页岩资源含油率高于 10%，所含页岩油占全国页岩油总量的 29.39%。这说明我国的油页岩资源大部分为含油率低于 10% 的贫矿，含油率大于 10% 的富矿很少。低含油率油页岩的干馏，不仅干馏效率低下，页岩油产率低，并且干馏后大部分矿物质都留在半焦中，不利于油页岩半焦的燃烧发电，降低油页岩的经济效益。分选是一种高效的除杂方法，在选矿行业有着广泛的应用。通过分选，可以帮助油页岩脱除部分无机矿物质，在一定程度上实现油母质的富集，提高干馏所得页岩油的产率和半焦的热值，优化干馏炉处理效率和干馏效果，进而提高整体的经济效益。

因此，本书所述研究的意义在于运用选矿（包含物理分选和化学分选）等相关领域的理论，基于油页岩的理化性质研究，从理论上验证和完善油页岩分选技术，用理论指导油页岩分选过程的各个问题，优化分选效果。通过油页岩分选，富集油母质，然后再进行干馏，不仅可以提高页岩油产量和提取效率，还可以减少残渣量，降低环保成本，最终实现油页岩的高效和清洁利用。

参考文献

[1] QIAN J L, LI S Y. Oil shale[M]. [S. l. : s. n.], 2003.

[2] 侯祥麟. 中国页岩油工业[M]. 北京:石油工业出版社,1984.

[3] DYNI J R. Geology and resources of some world oil shale deposits[J]. Oil shale,2003,20(3):193-252.

[4] 孙佰仲,王擎,姜庆贤,等. 油页岩含油率的测定及其影响因素分析[J]. 东北电力大学学报,2006,26(1):13-16.

[5] 李少华,柏静儒,孙佰仲,等. 升温速率对油页岩热解特性的影响[J]. 化学工程,2007,35(1):64-67.

[6] 曹祖宾,张宗平,韩东云,等. 油页岩干馏工艺与工程[M]. 北京:中国石化出版社,2011:36-37.

[7] 钱家麟,尹亮. 油页岩:石油的补充能源[M]. 北京:中国石化出版社,2008:81-87.

[8] 钱家麟,王剑秋,李术元. 世界油页岩资源利用和发展趋势[J]. 吉林大学学报(地球科学版),2006,36(6):877-887.

[9] 张秋民,关珺,何德民. 几种典型的油页岩干馏技术[J]. 吉林大学学报(地球科学版),2006,36(6):1019-1026.

[10] 秦匡宗. 抚顺和茂名油页岩的有机质含量及其元素组成[J]. 华东石油学院学报,1982,6(2):71-79.

[11] 秦匡宗,郭绍辉. 超临界流体抽提法研究茂名与抚顺油页岩中油母质的结构(Ⅲ)——抽余物的孔结构与有机质的分布[J]. 华东石油学院学报,1985(1):93-103.

[12] 王仁安,贾生盛,秦匡宗. 超临界流体抽提法研究茂名与抚顺油页岩中油母质的化学结构(Ⅰ)——超临界抽提的工艺条件[J]. 华东石油学院学报,1982(4):85-93.

[13] 秦匡宗,王仁安,贾生盛. 超临界流体抽提法研究茂名与抚顺油页岩中油母质的化学结构(Ⅱ)——抽提产物的性质及油母质化学结构的初步探讨[J]. 华东石油学院学报,1982(4):94-104.

[14] 李术元,钱家麟,王剑秋,等. 块状油页岩热解过程的研究Ⅰ——热解反应动力学参数[J]. 石油学报(石油加工),1990,6(4):86-93.

[15] 李勇,林楠,吴海旭,等. 油页岩浮选降灰富集有机质的实验研究[J]. 有色矿冶,2012,28(2):24-26.

[16] TSAI S C,LUMPKIN R E. Oil shale beneficiation by froth flotation[J]. Fuel,1984,63(4):435-439.

［17］ALTUN N E,HICYILMAZ C,HWANG J Y,et al. Evaluation of a Turkish low quality oil shale by flotation as a clean energy source：material characterization and determination of flotation behavior［J］. Fuel processing technology,2006,87(9):783-791.

［18］AL-OTOOM A Y. An investigation into beneficiation of Jordanian Ei-Lajjun oil shale by froth flotation［J］. Oil shale,2008,25(2):247-253.

［19］柏静儒,王擎,魏艳珍,等.桦甸油页岩的酸洗脱灰［J］.中国石油大学学报（自然科学版）,2010,34(2):150-153,158.

［20］AL-HARAHSHEH A,AL-HARAHSHEH M,AL-OTOOM A,et al. Effect of demineralization of El-lajjun Jordanian oil shale on oil yield［J］. Fuel processing technology,2009,90(6):818-824.

［21］宋微娜,董永利,周国江.超声波法分离油页岩中油母质与无机矿物质［J］.实验室研究与探索,2011,30(11):18-21.

［22］ALTUN N E,HWANG J Y,HICYILMAZ C. Enhancement of flotation performance of oil shale cleaning by ultrasonic treatment［J］. Mineral processing,2009,91(1-2):1-13.

［23］刘招君,董清水,叶松青,等.中国油页岩资源现状［J］.吉林大学学报（地球科学版）,2006,36(6):869-876.

第 2 章　油页岩的组成与结构

油页岩的组成与结构对其基本性质和分选特性有着决定性的影响,本书研究所用油页岩样品来自山东龙口,本章将从无机矿物质和有机质的组成、结构、嵌布等方面对龙口油页岩的性质进行解析。

2.1　油页岩中无机矿物质的组成与结构

2.1.1　无机矿物质的组成与含量

(1) 工业分析

工业分析是评价油页岩质量的基本依据,可以对油页岩中有机质、无机质等组分有一个基本的认识。龙口油页岩原矿的工业分析结果如表 2-1 所列。

表 2-1　龙口油页岩原矿工业分析试验结果

水分 $M_{ad}/\%$	灰分 $A_{ad}/\%$	挥发分 $V_{ad}/\%$	固定碳 $FC_{ad}/\%$
4.26	44.79	30.28	16.32

从表 2-1 中可以看出,龙口油页岩灰分较低,仅为 44.79%;灰分低,即无机矿物质含量较低,有机物含量就相对高一些,故其挥发分和固定碳含量较高;水分含量略高。

(2) XRD(X 射线衍射)和 XRF(X 射线荧光)分析

为了研究油页岩中无机矿物的组成情况,使用德国布鲁克公司研发的 D8 型 X 射线衍射光谱分析仪对原矿进行测定。矿样粒度磨至 320 目(约 40 μm)以下,发生电极采用铜电极,操作电压为 40 kV,实验电流为 30 mA,扫描速率设置为 6°/min,扫描步长为 0.02°,扫描范围为 10°～90°。检测所得 XRD 图谱如图 2-1 所示。

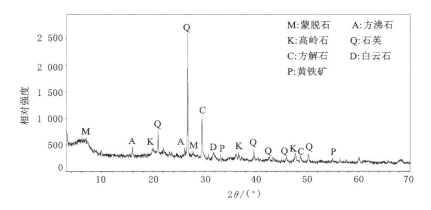

图 2-1　龙口油页岩原矿 XRD 图谱

图谱左侧在 $2\theta=20°～30°$ 处隐约可见的馒头峰代表样品中含有有机矿物,由于"扣除背景"和"图谱平滑"等降噪操作对馒头峰的峰形有很大影响,此图只分析无机矿物质,不考虑有机矿物的情况。由图 2-1 得知,龙口油页岩含有蒙脱石、方沸石、高岭石、石英、方解石、白云石和黄铁矿等矿物。其中石英峰最高,很可能是油页岩中含量最高的矿物质。然而其峰形尖细,可能是由于石英硬度较高,磨矿后石英颗粒相对其他矿物颗粒较大导致峰形变细。而硬度较低的白云石峰明显宽化,说明磨矿后粒度极细,从峰面积估计,其含量也相对较高。由于 XRD 主要是用于定性分析矿物种类而不是定量分析矿物含量,因此继续采用 XRF 分析方法对油页岩中矿物质的元素含量进行定量分析。取少量油页岩原矿样品磨碎至 200 目($74\ \mu m$)以下,使用德国布鲁克公司生产的 S-8 TIGER 型 X 射线荧光光谱分析仪对样品进行检测。扫描方式采用顺序扫描式,操作电压 60 kV,电流为 170 mA,检测范围为 Be(4)～U(92)。表 2-2 为经过 XRF 测得的龙口油页岩主要元素组成表。

表 2-2　龙口油页岩原矿主要元素组成

元素成分(氧化物形式)	CO_3	SiO_2	Al_2O_3	CaO	Fe_2O_3	Na_2O	MgO	SO_3	K_2O
质量分数/%	38.30	37.11	7.52	7.33	4.58	1.35	1.33	0.96	0.85

由表2-2可知，龙口油页岩中矿物质主要元素组成是硅、铝、钙和铁等，除此之外还有微量的钾、钠、镁、硫等元素。除去有机质中含有的碳外，Si含量最多，可达37.11%，Al和Ca含量较为接近，分别为7.52%和7.33%。这表明龙口油页岩中石英和硅酸盐类矿物质的含量相对偏高，这与之前XRD分析结果一致。

2.1.2　无机矿物质嵌布特性分析

（1）光学显微镜分析

将龙口油页岩原矿破碎并筛分，得到粒度为6～13 mm的样品，进行浮沉实验，分别得到高密度矿物（密度大于1.9 g/cm³）和低密度矿物（密度小于1.4 g/cm³）。用光学显微镜分别观察高密度和低密度矿物，对比研究不同密度级油页岩中矿物质的分布情况。图2-2和图2-3分别为高密度油页岩在显微镜下放大200倍和500倍的反射光照片，图2-4和图2-5依次为低密度油页岩在显微镜下放大200倍和500倍的反射光照片。

图2-2　高密度油页岩显微镜下放大200倍反射光图片

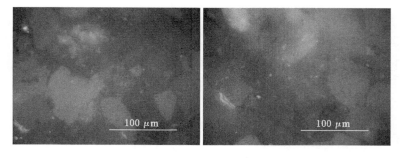

图2-3　高密度油页岩显微镜下放大500倍反射光图片

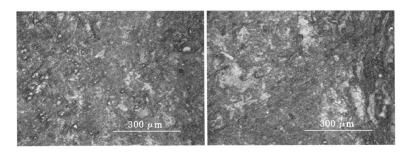

图 2-4　低密度油页岩显微镜下放大 200 倍反射光图片

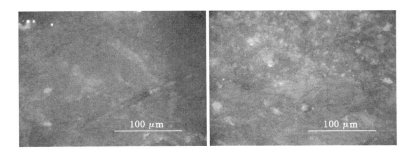

图 2-5　低密度油页岩显微镜下放大 500 倍反射光图片

在反射光下黑色部分为有机组分油母质,颜色较浅的部分是无机矿物质。由图 2-2 和图 2-3 可以看出密度高的油页岩中有机质的含量相对较低,而无机矿物质的含量相对较高。有机质零星分布在矿物质中,分布在矿物质中的有机质有可能会连成大片,并且大片的有机质中也会有无机矿物嵌布其中。放大更大的倍数可以看出大片有机质中无机矿物的具体嵌布情况。

从放大 500 倍的图中可以看出,切面上有机矿物中会以颗粒形式嵌布不同无机矿物,其颗粒大小在直径几微米到几十微米不等。在无机矿物中也会有其他类型的颗粒较小的无机矿物质嵌布。

由图 2-4 和图 2-5 可以看出,低密度的油页岩中有机物的含量明显提高,无机矿物质含量下降。从放大 200 倍的图片中不难发现油页岩中有机质与无机质组分犬牙交错,分布错综复杂,大体以无机矿物质结构为骨架,有机质无规律嵌布其中。放大 500 倍的图片显示除少量同种矿物聚集外,矿物的分布具有明显的随机性,无特定规律可循。

图 2-6 和图 2-7 分别为高密度和低密度油页岩在显微镜下放大 500 倍的透射光照片。

图 2-6　高密度油页岩显微镜下放大 500 倍透射光图片

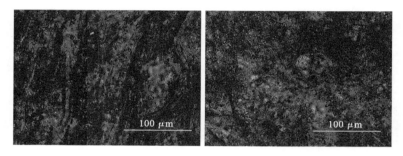

图 2-7　低密度油页岩显微镜下放大 500 倍透射光图片

透射光片与反射光片不同,薄片中不透光的油母质显示深色,矿物质则由于容易透光显示出比较浅的颜色。相对于反射光片,透射光片可以更清晰地分辨有机质与无机矿物质。对比观察图 2-6 和图 2-7 可知,低密度的样品中深色部分面积较大且分布集中,说明低密度的样品中有机质的含量相对较高;而高密度的油页岩样品中,深色部分面积很小且分布分散,浅色部分面积大且集中,说明高密度的样品中有机质含量较低,无机矿物质含量则相对较高。这与之前分析结果一致。

（2）扫描电镜分析

图 2-8 为油页岩 200 倍扫描电镜图片,可以发现样品中,硫和铁以黄铁矿的形式存在,矿物颗粒大约几微米,较为分散;钙多以碳酸钙的形式存在,呈现条带状;铝与硅以黏土矿物的形式存在,分布较为分散,其中有部分黏土矿物含钾和钠,钾在矿物中较为集中分布,而钠比较分散,与其他黏土矿物结合紧密。

图 2-9 为油页岩 2 000 倍扫描电镜图片,可以发现样品中,硅除了以黏土矿物形式存在外,还以颗粒状的石英形式存在,图中石英颗粒大小为 5~6 μm。图中所示黏

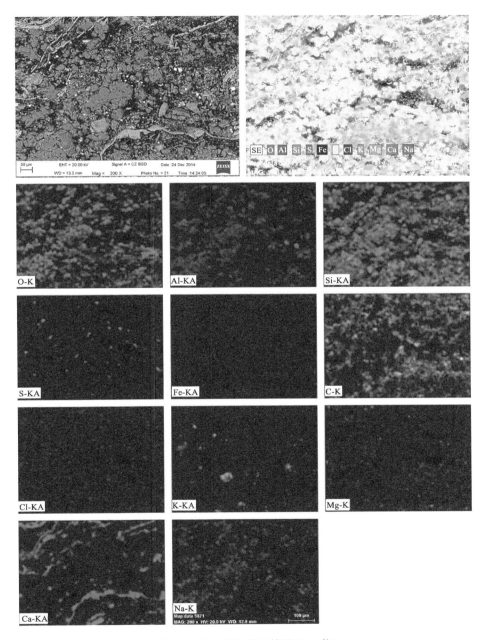

图 2-8　油页岩扫描电镜图（200 倍）

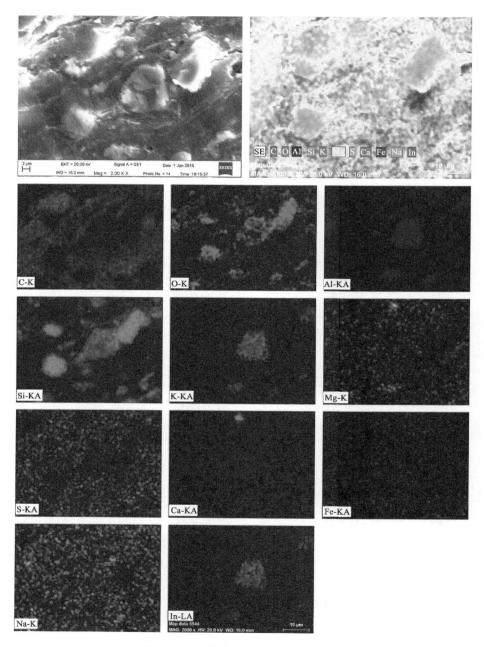

图 2-9　油页岩扫描电镜图(2 000 倍)

土矿物含有硅、铝和钾,以颗粒状存在于油页岩表面,颗粒大小为 10 μm 左右。

（3）断层扫描分析

为了在立体层面上对油页岩有机质与无机矿物质的结构分布有一个直观的认识,使用德国依科视朗公司的 Y. Modular 型 X 射线计算机断层扫描系统对油页岩矿物样本进行扫描分析。扫描过程中,样本做了一个完整的旋转,投射 1 080 组 X 射线,获取大小为 1 024×1 024 像素的 16 位动态范围的图像。操作时 X 射线管电压为 180 kV,电流为 300 μA,放射源和待测样到探测器的距离分别是 800.00 mm 和 126.14 mm。重建体积大小为 1 024×1 024×1 024 像素点,分辨率 29.4 μm。

图 2-10 是通过 X 射线计算机断层扫描系统扫描重建的龙口油页岩立体模型(右下图为三维立体模型,另外三个图分别为立体模型的三视图)。通过移动三维模型上的光标,可以调整切面的位置,观察不同的切面,得到各个位置的重建图像,图中不同颜色如图例所示代表不同密度。为了能够在三维立体的层面直观地显示油页岩样品中有机质与矿物质的嵌布形态特征,调节灰度阈值,隐去样品中密度小于 1.4 g/cm³ 的部分,并认为可见部分均为无机矿物质。选取样品中不同的位置,得到不同矿物质含量的样品中矿物质的三维结构重建图。

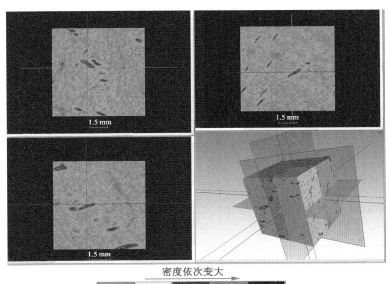

图 2-10　X 射线断层扫描重建龙口油页岩模型图

图 2-11、图 2-12 和图 2-13 分别显示了不同区域的矿物质的三维分布形态,显然可见部分越多代表该区域密度越高,依据之前的分析,高密度部分无机矿物含量高,因此代表高灰分区域。

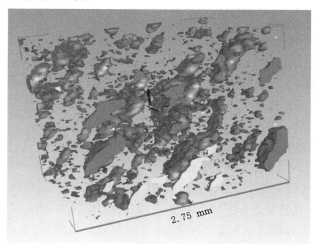

图 2-11　低灰分龙口油页岩无机矿物质三维结构重建图

图 2-12　中灰分龙口油页岩无机矿物质三维结构重建图

通过三维结构图可以直观地看出,油页岩样品中有机质与无机矿物质以错综复杂的形式互相嵌布,低灰分的情况下有机质呈笼状结构,无机矿物质嵌布

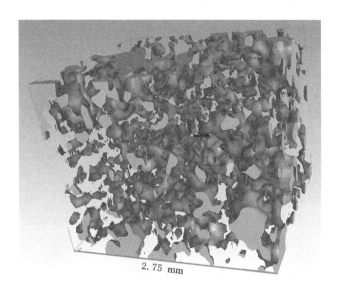

2.75 mm

图 2-13　高灰分龙口油页岩无机矿物质三维结构重建图

其中；而高灰分的情况下，无机矿物质形成错综复杂的笼状结构，有机质不规则地嵌布其中。

2.2　油页岩中有机质的组成与结构

油页岩中的有机质绝大部分是油母质，沥青质的含量低于 1%，因此本部分主要对龙口油页岩中的油母质进行研究。

2.2.1　油母质的提取

根据前面的分析，油页岩高密度组分中油母质含量低而低密度组分中油母质含量高，说明可以通过物理分选的手段对油母质进行一定程度的富集；但油母质与无机矿物质结合紧密，且嵌布颗粒粒度极小，因此物理分选的方法虽然可以在一定程度上实现油母质的富集，却很难用于提取高纯度油母质样品。另外由于油页岩中的油母质不溶于有机溶剂，因此也无法通过有机溶解抽提的方法直接提取其中的油母质，而如果通过加热等其他手段抽提又会破坏油母质的分子结构，所以采用酸洗脱灰的方法除去油页岩中的无机矿物质来提取油母质[1]。依据之前对样品一系列的分析，龙口油页岩样品中的无机矿物质主要包括硅酸盐、碳酸盐、硫铁矿以及钾、镁、钠和钙的氧化物等,因此,本实验将通过盐酸、硝酸、氢氟酸的酸洗脱除样品中的无机矿物质。

具体实验过程如下:

首先称取 30 g 龙口油页岩样品放入锥形瓶中,先用蒸馏水浸泡 2 h,洗去样品中的泥质。酸洗脱灰需要用高浓度的酸浸泡样品,为避免反应过于剧烈导致瞬间产生大量气体使样品溢出,首先取浓度为 2.5 mol/L 的盐酸以 1:5 的固液比加入锥形瓶中,搅拌均匀,置于水浴恒温振荡器中,设置恒温 25 ℃,2 h 后用离心机对样品进行固液分离。

经过初步酸洗,龙口油页岩中大量易反应的无机矿物质被洗去,此后加入浓酸进一步酸洗脱灰。取上述酸洗后的样品以 1:5 的固液比加入 5 mol/L 的浓盐酸,同样放入水浴恒温振荡器中反应 2 h,为提高反应效率,此次控制水温为 50 ℃。充分反应后用抽滤机过滤,过滤过程中多次加入蒸馏水进行洗涤,直到洗出液体酸碱度为中性。收集固体物,即为初步处理产物。

初步处理产物已经用盐酸除去了绝大多数碳酸盐矿物,然而样品中含有的大量硅酸盐矿物及石英不能被盐酸除去。为了除去样品中的硅酸盐矿物和石英,取初步处理的产物按照 1:5 的固液比加入质量分数为 40% 的氢氟酸,由于氢氟酸腐蚀性极强且会与玻璃中的成分反应,实验使用聚四氟乙烯材料制成的锥形瓶和搅拌棒等。具体酸洗过程与用 5 mol/L 盐酸酸洗过程相同。酸洗之后同样用过滤的方法进行固液分离,并加入蒸馏水洗涤直到滤液呈中性。

经以上两种酸处理过的样品还需要用硝酸浸泡以除去黄铁矿等没有被反应掉的矿物质,然后再次利用 5 mol/L 的盐酸溶液进行酸洗以除去氢氟酸酸洗过程中可能生成的氟化物,操作步骤与氢氟酸处理相同。酸洗操作完成以后,首先通过离心机对样品进行固液分离,接下来加入蒸馏水洗涤直到样品洗出液呈中性。将固体产物置于干燥箱内在 60 ℃ 下干燥至恒重后备用。另外,以上所有酸洗过程均在通风橱中进行。从固体产物中取样使用马弗炉进行灼烧,其烧失量高达 98.2%,符合相关标准的要求[2]。因此,可以认为所得固体产物即为油母质。

2.2.2　油母质分子化学结构特性研究

将制得的油母质样品均匀地包裹在锡箔中,称重后放入德国艾力蒙塔公司生产的 Vario EL cube 型元素分析仪的自动进样器的样品盘中。设置测试模式为 CHNS 模式,对样品中碳、氢、氮、硫元素含量进行检测。操作参数为:燃烧管温度 1 150 ℃,还原管温度 850 ℃,氦气流速 130 mL/min。测试结果如表 2-3 所列。

表 2-3　龙口油页岩油母质碳、氢、氮、硫元素相对含量

元素成分	碳	氢	氮	硫
质量分数/%	84.06	10.14	1.45	4.35

由表 2-3 可以看出,就相对含量而言,碳元素含量最高,占总质量的84.06%;氮元素含量最低,只占总质量的 1.45%。硫元素的质量分数为 4.35%,可见龙口油页岩油母质的硫含量比较高。有机元素含量的分析将对后续分子模型的构建提供必要的参考。

为了了解油母质分子中所含官能团的种类和相对丰度,对样品进行傅立叶变换红外光谱分析(FTIR)。操作过程简述如下:称取干燥后的样品适量(<3 mg),加入 250 mg 溴化钾,使用玛瑙石研钵将样品研磨至粒度不再变化,在 10 MPa 的压强下将混合物压成薄片。将制好的薄片在美国尼高力 iS10 傅立叶变换红外光谱仪上扫描,扫描次数设置为 128 次,分辨率为 1 cm^{-1},测量范围在 4 000~400 cm^{-1}。检测后得到的红外图谱如图 2-14 所示。

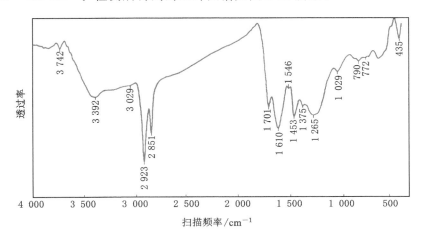

图 2-14　龙口油页岩油母质红外光谱分析图

研究中往往将红外光谱分为近红外区、中红外区以及远红外区 3 个区域进

行分析。其中,中红外区在实际分析中使用最为广泛,相关知识和技术条件发展得最好,是红外光谱研究中被采用最多的区域,因此本次检测选用的是中红外区光谱($4\,000 \sim 400\,cm^{-1}$)进行分析。由图 2-14 所示图谱可以看出,在 $3\,392$ cm^{-1} 处有一个不对称的宽峰,该峰位置属于—OH 或 NH 谱带,由于 NH 峰形尖锐而图中为宽峰,故此峰说明油母质样品中有—OH。在 $3\,742\,cm^{-1}$ 处的峰应该是—OH 的特征峰在诱导效应下向高频偏移后的结果。以上两个峰充分说明样品中确有羟基存在。在 $3\,029\,cm^{-1}$ 处有一微弱的肩峰,该峰反映了芳烃 C—H 的伸缩振动,说明样品中有一定数量的芳烃存在。图谱的两个强峰出现在 $2\,923\,cm^{-1}$ 与 $2\,851\,cm^{-1}$ 处,这是饱和烃的特征峰,来源于—CH_2 和—CH_3 的伸缩振动,代表脂肪族碳,由于是最强峰,说明龙口油母质样品的碳氢骨架主要是脂肪碳。频率为 $2\,500 \sim 2\,000\,cm^{-1}$ 的区域反映的是三键以及累积双键的伸缩振动,图谱中此范围没有明显的峰存在,说明龙口油页岩油母质的分子结构中没有三键或累积双键存在。频率范围 $2\,000 \sim 1\,500\,cm^{-1}$ 反映双键的伸缩振动,图谱中 $1\,701\,cm^{-1}$ 处的尖锐小峰说明样品中有羰基存在,且由峰的强度可以推知羰基的含量并不高;$1\,610\,cm^{-1}$ 处的峰来自 C=C 的伸缩振动,说明样品中含有 C=C;$1\,546\,cm^{-1}$ 处的峰来自吡咯环骨架振动,这说明样品中有一定量的吡咯存在。指纹区方面,$1\,453\,cm^{-1}$ 和 $1\,375\,cm^{-1}$ 处的几个峰说明样品中除了大量的正构烷烃以外,还有相当数量的异构烷烃;$1\,380 \sim 1\,030\,cm^{-1}$ 是胺的特征峰所在(脂胺在 $1\,230 \sim 1\,030\,cm^{-1}$,芳胺在 $1\,380 \sim 1\,250\,cm^{-1}$),在图谱中可以看出,样品中有胺的存在,依据峰的强度,可推知脂胺的含量大于芳胺。此外,$1\,029\,cm^{-1}$ 处的吸收峰说明样品中有亚砜存在;$790\,cm^{-1}$ 处的峰反映了 C_β—H 的平面外弯曲振动,说明样品中有噻吩存在;在 $772\,cm^{-1}$ 处,有一个小峰,这是 $(CH_2)_n$($n > 4$)平面摇摆振动吸收峰,说明了龙口油页岩油母质分子结构中有脂肪族长链存在。

对龙口油页岩油母质样品进行了 X 射线衍射光谱分析,选用仪器为德国布鲁克公司生产的 D8 X 射线衍射仪,发生电极采用铜电极,电压设置为 $40\,kV$,电流 $30\,mA$,扫描速率设置为 $6°/min$,扫描步长为 $0.02°$,扫描范围为 $6° \sim 90°$。

图 2-15 是龙口油页岩油母质的 X 射线衍射图谱,图中的尖峰很可能来自未被完全除去的少量矿物质杂质,而峰的主体是馒头峰的形态,可见本实验选用的龙口油页岩油母质样品并不具备有序的晶体结构,而是属于非晶态。不同于晶体结构,非晶态无法从衍射图上获得大量准确的结构信息,因此通过 XRD 分析油母质结构的难度远比分析晶体结构的难度大得多。波谱中最明显的峰

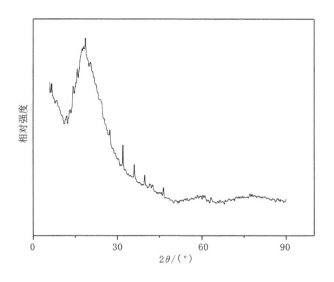

图 2-15 龙口油页岩油母质 X 射线衍射光谱分析图

出现在 $2\theta=20°$ 附近,是脂肪族碳衍射峰,说明样品油母质结构中主体是亚甲基长链结构,这与红外光谱图中 1 453 cm^{-1} 和 1 375 cm^{-1} 处的几个峰显示的结果相吻合。在 $2\theta=40°$ 处有一个弱峰,该峰是芳碳的衍射峰,可见龙口油页岩样品的油母质分子结构中有芳碳存在。由图 2-15 不难发现龙口油页岩样品中芳碳衍射峰强度明显比脂碳衍射峰低,这说明龙口油页岩油母质的主体结构不是芳碳,而是脂碳。这一结果也与红外分析数据吻合,充分说明龙口油页岩油母质是以脂肪族长链为主体,同时带有一定数量的芳烃结构交错相连的网状结构。

红外光对振动基团偶极矩的变化十分敏感,可以为极性基团的鉴定提供有效的信息,其吸收峰的位置和相对强度,在研究油母质基团组成、丰度以及化学结构键和性质方面有大量应用。XRD 也可以为分子结构形态提供定性的分析。为了全面了解油母质的分子结构,还需要了解油母质分子骨架的相关信息。由于油母质分子结构骨架主要由碳构成,因此选择[13]C 固体核磁共振波谱方法继续对样品进行检测。取适量样品用德国布鲁克 AV-Ⅲ-400MHz 核磁共振谱仪进行固体碳核磁共振波谱分析,分析实验采用 4 mm 带 KEL-F Zr O₂ 转子的标准头,转速为 5 kHz,[13]C 检测核的共振频率为 100.62 MHz,采样时间为 0.002 s,循环延迟时间 6 s,数据采集点数为 2 048。图 2-16 是龙口油页岩油母质[13]C核磁共振波谱图。

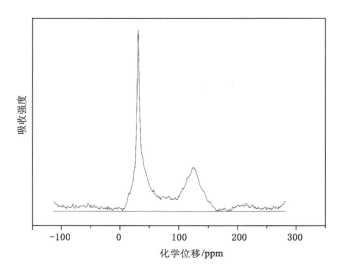

图 2-16　龙口油页岩油母质固体^{13}C 核磁共振波谱图

依据之前报道关于研究油母质的^{13}C 核磁共振的文献[3-4]，油母质的^{13}C 核磁共振波谱归属可以统计如表 2-4 所列。

表 2-4　油母质固体^{13}C 核磁共振波谱中碳官能团谱带的归属

序号	碳官能团	化学位移范围/ppm
1	终端甲基	14～16
2	环上的甲基	17～22
3	亚甲基	23～36
4	季碳、叔碳	37～50
5	甲氧基、亚甲基氧基	51～75
6	氧接环碳	76～90
7	带质子芳碳	100～137
8	烷基取代芳碳	138～148
9	氧取代芳碳	149～164
10	羧基碳	165～188
11	羰基碳	189～220

注：1. 1 ppm＝10^{-6}，国际上通用的化学位移单位仍为 ppm。

2. 化学位移的单位本身并不是 ppm，而是 Hz，之所以用 ppm，是因为常说的化学位移指的是化学相对位移。

核磁共振的基本原理来源于原子核自旋,质子与中子数为偶数的核,其自旋量子数为 0,不会有自旋现象发生。但是如果质子或中子数其中之一是奇数则自旋量子数不再是 0,此时便会导致自旋现象发生,例如 ^1H、^{13}C、^{19}F、^{31}P、^{35}Cl 等核,本书所做的检测正是 ^{13}C 核磁共振。由于原子核带正电,原子核的自旋致使所带的正电粒子发生旋转,形成循环的电流,由于电磁感应原理,这个电流会形成磁场。此时如果把原子核置于外加定向磁场中,会导致核自旋在外磁场中受到力矩的作用,使其按一定方向排列。这个过程称为空间量子化。另外,由于外加磁场对核磁矩形成一个力,导致核磁矩在有外加磁场存在的情况下具有一定能量,且这个能量是量子化的。量子化的能量在特定的条件下会产生跃迁现象,跃迁可以被现代分析工具准确地检测到。物理学中用能级表示量子化的能量值,对于自旋核置于外加磁场的情况,当此原子核受到一个与原外加磁场垂直的交变磁场的作用时,若能量为相邻两个能级的差,自旋原子核就会吸收磁场的能量并发生自旋跃迁,这个现象就是核磁共振。交变磁场能引发特定原子核发生核磁共振的频率称为该原子核的共振频率,共振频率取决于这种原子核的磁旋比以及外加磁场强度,因此同一种原子核在同一磁场条件下只对应一个共振频率。也就是说特定的核磁共振测试中,同一种原子只能出现一个峰。但 1950 年虞福春和 Proctor 在做 NH_4NO_3 中 ^{14}N 的核磁共振实验中,却发现 ^{14}N 产生了两个峰。这是铵离子 NH_4^+ 中 ^{14}N 与硝酸根 NO_3^- 中 ^{14}N 分别发生共振的缘故。这个实验说明在同一种化合物中,同一种原子核有可能出现几条谱带[5]。后续的研究表明,核磁共振谱线的位置与数目,不仅受样品种类的影响,而且原子核周围的化学环境也是重要的影响因素。由于被测原子核所在化学环境的影响导致的核磁共振谱带的变化,被称为化学位移。

表 2-4 详细展示了终端甲基、环上的甲基等脂肪族碳,质子芳碳,氧取代芳碳,羧基碳和羰基碳的化学位移范围。为了准确分析以上碳结构的相对含量,对得到的固体 ^{13}C 核磁共振波谱进行分峰。分峰图如图 2-17 所示。

由图 2-17 可知,在龙口油页岩油母质的 ^{13}C 核磁共振谱图中,出现了 3 个出峰区间,分别为化学位移位于 0~90 ppm 的脂肪族碳出峰区,化学位移位于 100~160 ppm 的芳香族碳出峰区和高位移区 170~220 ppm 的羧基、羰基出峰区。显然峰的面积最大的是脂肪族碳峰,其次为芳香族碳峰,羰基和羧基的峰则相对很小。这表明龙口油页岩油母质样品的碳骨架主体由脂碳组成,这与之前 X 射线衍射光谱的分析结果吻合。对分峰结果进行积分,可以得知各个化学位移区域的面积,从而推知不同类型碳的含量。表 2-5 即为计算得知的各种碳

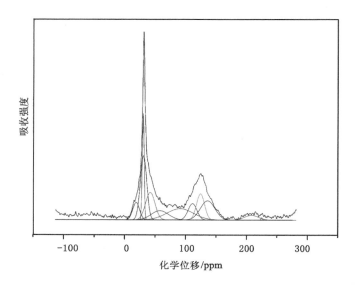

图 2-17　龙口油页岩油母质固体^{13}C核磁共振分峰图

结构的相对含量。

表 2-5　龙口油页岩油母质各碳谱带相对面积

碳分布	碳类型	化学位移/ppm	相对面积/%
脂肪族碳 (69.72%)	终端甲基	14～16	2.64
	环上的甲基	17～22	3.81
	亚甲基	23～36	39.22
	季碳、叔碳	37～50	13.20
	甲氧基、亚甲基氧基	51～75	10.85
芳香族碳 (28.53%)	氧接环碳	76～90	1.84
	带质子芳碳	100～137	14.08
	烷基取代芳碳	138～148	10.56
	氧取代芳碳	149～164	2.05
羧基/羰基碳 (1.76%)	羧基碳	165～188	0.59
	羰基碳	189～220	1.17

　　由表 2-5 可知,龙口油页岩油母质的脂碳率约为 69.72%。在化学位移 15 ppm 处有小的尖峰,此峰代表脂甲基碳(—CH$_3$),含量占碳总量的 2.64%;化学

位移为 17～22 ppm 处的峰是芳甲基碳;化学位移在 23～36 ppm 处的峰是亚甲基碳(—CH_2),该峰是整个谱图的最强峰,说明亚甲基碳是样品结构中含量最多的碳类型,其含量为 39.22%;化学位移为 37～50 ppm 范围代表季碳(—C)和叔碳(—CH),约占总碳信号的 13.20%。从芳香碳区域的信号强度可以看出,芳碳的含量低于脂碳的含量,为 28.53%,其中:化学位移处于 76～90 ppm 的是氧接环碳,含量约为 1.84%;化学位移 100～137 ppm 范围代表的是质子化芳碳,含量约为 14.08%;化学位移处于 138～148 ppm 范围内的峰代表烷基取代芳碳,含量约为 10.56%;化学位移为 149～164 ppm 处是氧取代芳碳,此处峰信号很弱,含量为 2.05%。羰基碳(—C=O)和羧基碳(—COOH 或 —COOR)含量最低,共为总碳含量的 1.76%。

综合以上所有分析结果可知,龙口油页岩油母质分子中碳的主体形式为脂肪族碳,芳香族碳含量相对较少,另外含有为数不多的羧基碳和羰基碳。亚甲基具有最高的含量,约占总碳数的 39.22%。分子中氮以吡咯和胺的形式存在,其中胺以脂胺和芳胺形式存在,且脂胺数多于芳胺数;硫以亚砜和噻吩的形式存在。结合元素分析结果,可以估计平均每个分子中大约含有 4 个亚砜、2 个噻吩、2 个吡咯、3 个脂胺、2 个羧基和 4 个羰基官能团。此外,平均每个分子中还有 9 个脂甲基和 13 个芳甲基,而亚甲基的含量则高达约 140 个,季碳、叔碳共约 45 个,另有氧接环碳 37 个。芳碳方面,平均每个分子中应该有 15 个苯环即 90 个芳香碳,其中质子芳碳约 48 个、烷基取代芳碳约 36 个,氧取代芳碳约 7 个。

依据以上数据可以构建龙口油母质分子结构模型。自然界中分子结构总是倾向于以能量最低的形态存在,相关研究表明[6]:分子的总能量会随碳骨架封闭环形结构(分子模型中脂肪链与芳香烃或其他脂肪烃首尾相接形成的环形结构)的增加而降低,因此为了得到更稳定的结构模型需要其中包含足够多的环形封闭结构;但"环"结构的增多会导致大分子结构的交联度增加,会使次甲基和季碳的数量超出测量结果的合理值。结合测量的数据,本书构建的分子结构含有 10 个"环"结构。同时为了进一步确保结构的稳定性,构建结构时脂肪链主要与季碳连接,羧基及衍生物尽量选择饱和碳连接,芳环簇团的位置则尽量分散。按以上特点,利用 Chemdraw 软件画出龙口油页岩油母质分子模型,如图 2-18 所示。其分子式为 $C_{341}H_{481}O_{40}N_5S_6$。

用 Material Studio(MS)软件的 Forcite 模块将得到的二维结构转化为三维结构。对于一个特定的分子式来说,其拥有无穷多个空间构象。而现实中分子

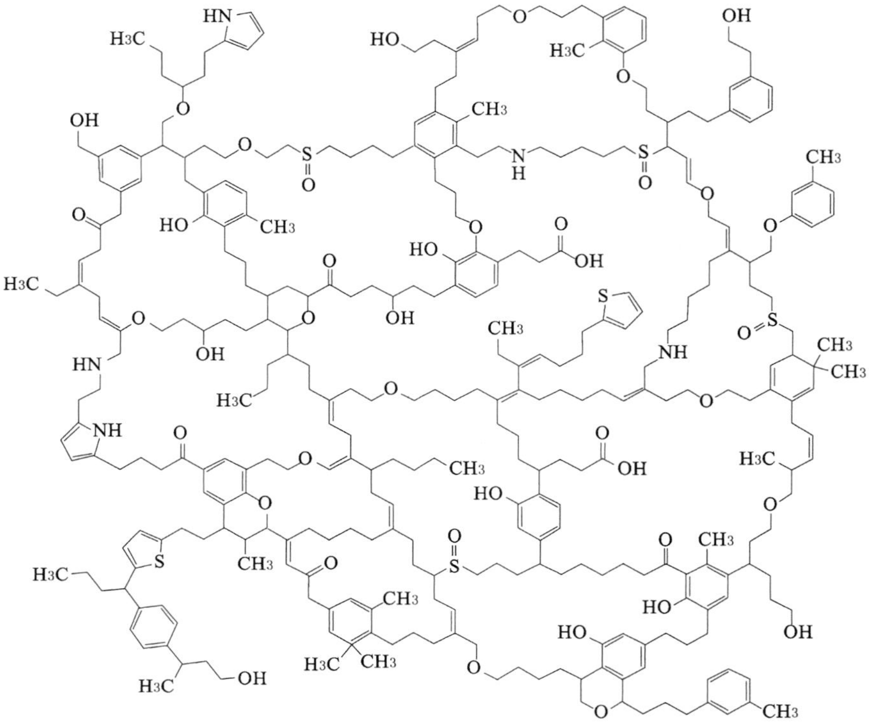

图 2-18　龙口油页岩油母质分子结构模型

的空间结构总会以其能量最低的状态存在。首先用 Forcite 模块中的几何优化功能将二维模型初步转化为三维结构模型。具体操作参数为:选择几何优化功能,计算收敛标准选择中等,能量设置为 0.001 kcal/mol,原子均方根力为 0.5 kcal/mol,压强设置为 0.5 GPa,均方根位移为 0.015 Å,最高迭代选择 5 000 000 步,力场选择 Dreiding,电荷选择 charge using casteige,其他参数均采用默认值。

　　几何优化后的模型还需要通过模拟退火的方法才能得到最优结构。模拟退火是通过模拟固体退火的过程使化学模型体系粒子排列有序的常用结构优化手段,为使龙口油页岩油母质三维结构模型能量充分降低,重复 10 次模拟退火操作,采用 NVE 系综,初始温度 300 K,最高温度 1 500 K,反应时间 2 000 ps(皮秒,1 ps=10^{-12} s),步长 1 fs(飞秒,1 fs=10^{-15} s)。能量及电荷选择与几何优化相同。处理后得到的三维结构模型如图 2-19 所示。

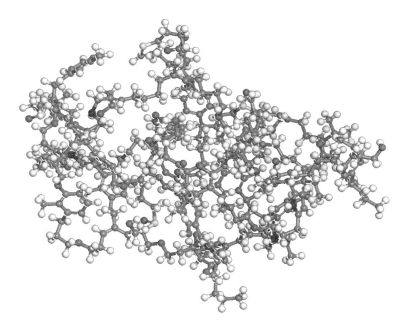

图 2-19　龙口油页岩油母质分子结构三维模型

2.3　本章小结

（1）本章研究了龙口油页岩的无机矿物质组成及含量、无机矿物质与有机组分的嵌布情况和油母质的化学结构特征，并依据油母质的化学结构构建其分子结构模型。

（2）在油页岩无机矿物组成及含量方面，通过 XRD 定性分析龙口油页岩中存在的主要矿物质，并通过 XRF 确定各种无机矿物质元素的具体含量。发现龙口油页岩所含的主要无机矿物质包括方解石、石英、白云石、蒙脱石、黄铁矿、高岭石以及方沸石等矿物，其主要无机元素为 Si、Al、Ca、Fe 等，此外还含有少量的 K、Na、Mg、S 等元素。

（3）嵌布特征方面使用光学显微镜、扫描电镜和 X 射线计算机断层扫描系统分别在二维和三维层面上观察油页岩中矿物质的赋存形态。通过观察各个放大倍数的反射光片和透射薄片，以及断层扫描技术重建三维结构，可以发现油页岩结构特点是以无机矿物质形成的错综复杂的笼状结构为骨架，有机质不均匀地嵌布其中。

（4）关于油母质的分子结构模型方面的研究，首先进行了元素分析，然后分别通过 XRD、FTIR、^{13}C NMR 等手段探索油母质分子的官能团类型和碳骨架结构特征，依据这些数据建立了龙口油页岩油母质的二维分子结构模型，分子式为 $C_{341}H_{481}O_{40}N_5S_6$。在二维结构的基础上，采用模拟退火的手段生成三维结构，并得到稳定合理的三维结构模型。

参考文献

［1］中国石油天然气集团公司.沉积岩中干酪根分离方法：GB/T 19144—2010 ［S］.北京：中国标准出版社，2010.

［2］程顶胜，郝石生.烃源岩热模拟实验研究的进展［J］.石油大学学报（自然科学版），1995，19（2）：107-116.

［3］傅家谟，秦匡宗.干酪根地球化学［M］.广州：广东科技出版社，1995.

［4］陈洁，宋启泽.有机波谱分析［M］.北京：北京理工大学出版社，2014.

［5］潘蔚.模拟退火算法和应用［J］.经济技术协作信息，2008（32）：75.

［6］GUAN X H，LIU Y，WANG D，et al. Three-dimensional structure of a Huadian oil shale kerogen model：an experimental and theoretical study ［J］. Energy & fuels，2015（29）：4122-4136.

第 3 章 油页岩的重力分选富集

重力分选(又称重选)是按不同矿物间密度差异分选矿石的方法,在当代选矿方法中占有重要地位,尤其广泛地用于处理密度差较大的物料。通过重力分选,使有用的目的矿物富集成为精矿,不需要的矿物或无用的矿物富集成为矸石,实现目的矿物与矸石的分离。在我国,重选是最主要的选煤方法,也是分选金、钨、锡矿石的传统方法。重选也被用来分选铁、锰矿石,同时也普遍应用于处理某些非金属矿石(如高岭土、石棉、金刚石等)和稀有金属矿石(如钍、钛、锆、铌等)。而对于那些主要以浮选法处理的有色金属矿石(铜、铅、锌等),也可以用重选进行预先分选、排矸,除去粗粒脉石矿物,使其达到初步富集。除此之外,重力分选还广泛应用于脱水、分级、浓缩、集尘等作业,这些工艺环节几乎是所有选矿厂和选煤厂必不可少的[1]。重力分选的基本原理就是,由于不同矿物颗粒间密度的差异,它们在运动介质中所受重力、浮力、流体动力和阻力不同,在这些力的共同作用下,不同密度和粒度的颗粒产生不同的运动速度和运动轨迹,从而实现按密度分层和分离。矿物密度的差异是影响重选的内在因素,是能否实现重选的前提,同时,粒度和形状也会影响重选的精确性。

重选过程需要在相应的分选介质中进行,主要包括空气、水、重液和重悬浮液。重液是一些高密度的有机液体(如三氯甲烷、四溴乙烷)或高密度盐类的水溶液(如氯化锌溶液),矿物颗粒在重液中能够完全按照重液的密度分离,但是由于重液价格昂贵,所以一般只限于实验室使用。重悬浮液是由高密度的固体微粒分散在水中形成的非均质两相介质,其综合密度在水的密度和固体微粒的密度之间,可以通过改变固体微粒的质量分数调整重悬浮液的密度,它同样可以实现不同物料按密度分离的效果。重悬浮液具有廉价、无毒等优点,在工业上得以广泛应用。

本章以山东龙口油页岩为研究对象,从油页岩的粒度、密度等工艺性质分析入手,进而通过浮沉实验分析确定龙口油页岩原矿的可选性,最后采用重液浮沉法和重介旋流器分别对破碎后的油页岩进行重选研究,在一定程度上实现油母质的富集,验证油页岩重选富集的可行性,指导确定分选参数。

3.1 油页岩的工艺性质分析

3.1.1 粒度分析

粒度分析主要包括油页岩的粒度与粒度组成分析。油页岩的粒度是指单个颗粒的大小,而粒度组成则是各个粒度级别的质量百分比。粒度与粒度组成影响油页岩的重力分选富集。

本研究中,粒度分析采用筛分法。该方法是利用一系列筛孔大小不同的筛子对物料筛分,测定范围广,0.1～100 mm 均可筛分,筛分方法设备简单,易于操作。本试验采用筛孔为 25 mm、13 mm、6 mm、3 mm 和 0.5 mm 的筛子进行筛分,将油页岩分成 50～25 mm、25～13 mm、13～6 mm、6～3 mm、3～0.5 mm 和—0.5 mm 六个粒度级,试验结果见表 3-1。

表 3-1 龙口油页岩大筛分试验结果

粒级/mm	产率/%	灰分/%
50～25	1.92	43.36
25～13	57.83	46.01
13～6	21.47	44.32
6～3	7.13	44.79
3～0.5	8.16	45.21
—0.5	3.49	49.96
总计	100.00	45.58

从表 3-1 中可以看出,龙口油页岩中 25～13 mm 粒级所占比例最大,为57.83%;13～6 mm 粒级次之,产率为 21.47%;其他粒级油页岩含量均较小,约占总量的 20% 左右,尤其是 50～25 mm 粒级,比例仅为 1.92%,这说明大块油页岩量很少,主要为中等粒度(25～13 mm 和 6～3 mm)油页岩,小粒级油页岩含量较少。各粒级油页岩灰分差别不大,这说明油页岩较硬且比较均匀。—0.5 mm 粒级灰分略微偏高且含量较少,这说明矸石不存在泥化现象。

对—0.5 mm 油页岩进行小筛分试验,采用 0.25 mm、0.125 mm 和 0.074

mm 筛子进行试验,分成 0.5～0.25 mm、0.25～0.125 mm、0.125～0.074 mm 和—0.074 mm 四个粒度级,试验结果如表 3-2 所列。

表 3-2　龙口油页岩小筛分试验结果

粒级/mm	产率/%	灰分/%
0.5～0.25	42.95	46.91
0.25～0.125	23.28	48.49
0.125～0.074	12.11	50.90
—0.074	21.66	57.04
合计	100.00	49.96

从表 3-2 小筛分试验结果可以看出,—0.5 mm 油页岩随粒度的减小,灰分逐渐升高,—0.074 mm 粒级油页岩灰分达到最高,为 57.04%,而 0.5～0.25 mm 粒级油页岩灰分为 46.91%,可见高灰物质选择性地集中在细泥中。产率的分布则不均衡,较大粒级 0.5～0.25 mm 含量较多,为 42.95%,0.25～0.125 mm 粒级和—0.074 mm 粒级产率稍小一些,分别为 23.28% 和 21.66%,0.125～0.074 mm 粒级产率最小,仅为 12.11%。

3.1.2　密度分析

矿物的密度、粒度和形状是影响重力分选过程的三个基本因素,不同密度、粒度和形状的颗粒,在重力分选中具有不同的表现,其中密度是主要因素,粒度和形状也会对分选过程产生一定的影响。因而,对矿物颗粒的密度组成进行分析,可知道矿物进行重力分选的难易程度,为后续的分选方案的制订提供依据。

浮沉试验是煤炭分选中常用的密度分析方法,而油页岩与煤炭性质相似,可采用煤炭的浮沉试验方法来对油页岩进行密度分析。为了得到较为精确的数据,采用筛分试验所得的窄粒级油页岩进行浮沉试验,所需油页岩最小质量见表 3-3。

表 3-3　试验所需油页岩质量与粒度级别关系

油页岩粒级/mm	50～25	25～13	13～6	6～3	3～0.5	—0.5
油页岩最小质量/kg	30	15	7.5	4	2	1

将油页岩按 1.3、1.4、1.5、1.6、1.7、1.8 和 1.9 g/cm³ 进行密度分级,粒度分级见表 3-1,采用氯化锌和水配置重液,进行油页岩的浮沉试验,结果见表 3-4。

表 3-4　龙口油页岩筛分浮沉试验综合表

密度级 /(g/cm³)	50~25 mm (产率 1.92 / 灰分 43.36) 占本级 /%	占全样 /%	灰分 /%	25~13 mm (产率 57.83 / 灰分 46.01) 占本级 /%	占全样 /%	灰分 /%	13~6 mm (产率 21.47 / 灰分 44.32) 占本级 /%	占全样 /%	灰分 /%	6~3 mm (产率 7.13 / 灰分 44.79) 占本级 /%	占全样 /%	灰分 /%	3~0.5 mm (产率 8.16 / 灰分 45.21) 占本级 /%	占全样 /%	灰分 /%	50~0.5 mm (产率 96.51 / 灰分 45.42) 占本级 /%	占全样 /%	灰分 /%
—1.3	4.23	0.08	7.21	11.41	6.41	10.15	11.72	2.41	8.21	8.09	0.55	8.12	18.50	0.97	10.82	11.49	10.41	9.63
1.3~1.4	28.83	0.54	28.39	17.70	9.95	18.90	16.44	3.38	16.93	20.11	1.36	14.74	18.19	0.95	21.72	17.86	16.18	18.63
1.4~1.5	16.64	0.31	40.40	10.99	6.18	36.48	10.68	2.19	34.80	13.44	0.91	36.63	10.98	0.58	43.00	11.22	10.17	36.62
1.5~1.6	26.28	0.50	45.15	9.22	5.18	42.03	10.48	2.15	43.47	9.87	0.67	45.59	7.50	0.39	48.60	9.81	8.89	43.11
1.6~1.7	2.29	0.04	47.71	11.05	6.21	52.40	12.26	2.52	51.04	9.18	0.62	50.40	11.63	0.61	56.67	11.04	10.00	52.17
1.7~1.8	8.04	0.15	63.84	8.92	5.01	57.56	9.40	1.93	59.08	11.52	0.78	57.76	11.70	0.61	62.15	9.37	8.49	58.37
1.8~1.9	11.23	0.21	71.96	20.61	11.58	69.58	19.11	3.92	67.07	11.55	0.78	64.45	7.67	0.40	66.07	18.65	16.90	68.71
+1.9	2.45	0.05	82.08	10.09	5.67	77.32	9.92	2.04	75.57	16.23	1.10	74.40	13.83	0.73	76.25	10.57	9.57	76.56
合计	100.00	1.89	43.40	100.00	56.18	45.46	100.00	20.54	44.14	100.00	6.75	43.85	100.00	5.25	43.79	100.00	90.61	44.90
页岩泥	1.95	0.04	58.42	2.85	1.65	58.60	4.31	0.93	57.88	5.32	0.38	59.36	5.89	0.33	62.71	3.66	3.32	58.89
总计	100.00	1.92	43.69	100.00	57.83	45.84	100.00	21.47	44.73	100.00	7.13	44.67	100.00	5.58	44.91	100.00	93.93	45.40

从表 3-4 可以看出,不同粒级的油页岩密度分布情况不同,总体来看,低密度和高密度油页岩偏多,中等密度级含量较少。浮沉页岩泥的含量随油页岩粒级的减小而逐渐增大,各粒级浮沉页岩泥灰分均高于原矿总体灰分,说明页岩泥中多为高灰物质,即油页岩中密度较高的部分易泥化。

3.1.3　工业分析

对油页岩各密度级进行工业分析,试验结果如表 3-5 所列。

表 3-5　油页岩各密度级工业分析试验结果

密度级/(g/cm³)	水分 M_{ad}/%	灰分 A_{ad}/%	挥发分 V_{ad}/%	固定碳 FC_{ad}/%
−1.3	6.62	9.46	38.52	42.70
1.3~1.4	6.23	18.73	37.47	34.22
1.4~1.5	2.46	36.98	37.68	18.37
1.5~1.6	2.58	42.52	36.32	12.88
1.6~1.7	2.99	52.36	28.66	10.89
1.7~1.8	2.57	57.82	26.24	7.39
1.8~1.9	2.70	69.03	19.84	2.50
+1.9	2.35	75.38	14.97	1.31
原样	4.26	44.79	30.28	16.32

由表 3-5 可知,−1.4 g/cm³ 与 +1.4 g/cm³ 密度级油页岩水分有明显的区别,−1.4 g/cm³ 油页岩水分高于 6%,而 +1.4 g/cm³ 水分均低于 3%,这是因为龙口油页岩与煤伴生,低密度级油页岩中含有部分煤,相对于油页岩来说,煤的孔隙度较高,使得煤的水分含量高于油页岩。灰分反映的是油页岩中无机矿物质所占比例,灰分随油页岩密度的增大而增大。挥发分主要是有机质热解产生的挥发性气体,可以从一定程度上反映有机质含量的多少,它随油页岩密度升高呈降低趋势。

3.1.4　发热量分析

对油页岩各密度级产物进行发热量测定,试验结果如表 3-6 所列。

表 3-6　龙口油页岩各密度级发热量分析结果

密度级/ (g/cm³)	分析基弹筒 $Q_{b,ad}$/ (MJ/kg)	干基高位 $Q_{gr,d}$/ (MJ/kg)	收到基低位 $Q_{b,ad}$/ (MJ/kg)
−1.3	25.900	25.705	24.947
1.3～1.4	23.646	23.453	22.706
1.4～1.5	19.655	19.446	18.720
1.5～1.6	17.043	16.825	16.111
1.6～1.7	12.748	12.516	11.824
1.7～1.8	10.335	10.093	9.413
1.8～1.9	7.620	7.367	6.701
+1.9	4.473	4.207	3.557
原样	14.593	14.368	13.667

从表 3-6 可见,油页岩的发热量随密度级的增加而逐渐变小,空气干燥基条件下的弹筒发热量从−1.3 g/cm³ 级的 25.900 MJ/kg 降低到＋1.9 g/cm³ 级的 4.473 MJ/kg。由表 3-5 工业分析的结果已知,随着密度的变化,油页岩的灰分、挥发分与固定碳都有明显的变化,水分随密度变化的关系无明显规律。灰分、挥发分与固定碳均与油页岩中有机质含量有着一定的关系,发热量主要由油页岩中有机质的燃烧放热产生,因此,为研究发热量与工业分析各因素的关系,将发热量与油页岩灰分、挥发分和固定碳参数进行拟合分析,结果如图 3-1、图 3-2 和图 3-3 所示。

由图 3-1、图 3-2 和图 3-3 可以看出,发热量与灰分的线性拟合关系较好,R^2 值达 0.984 4,而发热量与挥发分、固定碳的线性拟合关系均较差,R^2 值均不足 0.9,这说明发热量与灰分有着线性关系,而与挥发分、固定碳不存在简单的线性关系。

发热量与灰分的线性关系模型为:

$$y = -0.328\ 9x + 30.073 \tag{3-1}$$

在实际生产与分析过程中,油页岩的发热量测定较为麻烦,而灰分的测定相对而言更为简单,因此可以通过建立发热量与灰分的关系模型,利用灰分来估算发热量的值。龙口油页岩的发热量与灰分的关系近似符合公式(3-1)。

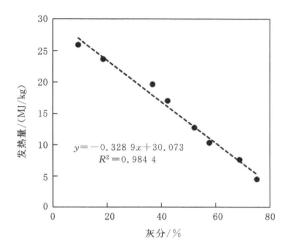

图 3-1 龙口油页岩发热量与灰分关系曲线

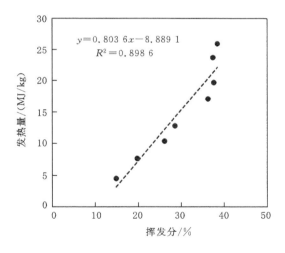

图 3-2 龙口油页岩发热量与挥发分关系曲线

3.1.5 含油率分析

含油率分析,亦称铝甑分析,是评定油页岩干馏炼油最重要的一项指标。对龙口油页岩各密度级产物进行铝甑试验,测定其含油率,试验结果如表 3-7 所列。

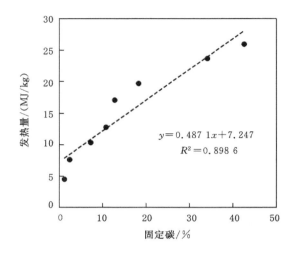

图 3-3　龙口油页岩发热量与固定碳关系曲线

表 3-7　龙口油页岩各密度级含油率

密度级/ (g/cm³)	产率 /%	灰分 /%	含油率 /%	浮物累计		沉物累计	
				灰分/%	含油率/%	灰分/%	含油率/%
−1.3	11.49	9.46	13.45	9.46	13.45	44.79	13.58
1.3～1.4	17.86	18.73	16.73	15.10	15.44	49.38	13.60
1.4～1.5	11.22	36.98	20.61	21.15	16.87	57.12	12.81
1.5～1.6	9.81	42.52	19.12	25.31	17.31	60.92	11.34
1.6～1.7	11.04	52.36	14.24	30.17	16.76	64.56	9.80
1.7～1.8	9.37	57.82	11.80	33.83	16.10	68.05	8.53
1.8～1.9	18.65	69.03	8.75	41.17	14.57	71.33	7.49
+1.9	10.57	75.38	5.25	44.79	13.58	75.38	5.25
合计	100.00	44.79	12.81				

　　由表 3-7 可以看出,油页岩的含油率随密度增加呈现先增加后减小的变化规律,1.4～1.5 g/cm³ 密度级油页岩含油率最高,达 20.61%;此后随着密度增大,含油率不断降低,说明油页岩中油母质含量随着密度增加逐渐减少;当密度

大于 1.9 g/cm³ 时,含油率已低至 5.25%。—1.4 g/cm³ 密度级油页岩中有机质含量最高,但含油率却低于较高的密度级 1.4~1.6 g/cm³,这可能是由于龙口油页岩与煤伴生的关系,使得低密度级油页岩中含有相当一部分非油母质的有机质,该部分有机质热解后不能产生页岩油,导致含油率降低。

从 3.1.4 节发热量与工业分析拟合结果可以看出,用油页岩灰分表征其有机质含量关系较为准确,而页岩油是有机质中的油母质在干馏时热解产生的,因此,也可以用油页岩的灰分来表征其含油率。作各密度油页岩含油率与灰分的关系曲线,如图 3-4 所示。

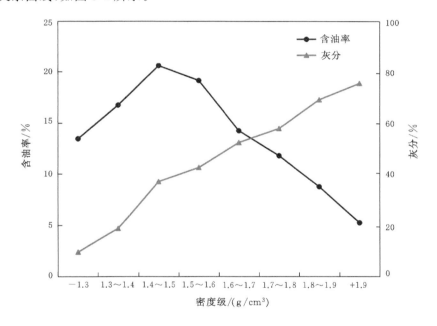

图 3-4　龙口油页岩含油率与灰分随密度变化图

结合图 3-4 和表 3-7 可知,对于密度大于 1.4 g/cm³ 的油页岩,其含油率与灰分的关系近似符合线性关系,而密度—1.4 g/cm³ 的油页岩也近似符合线性关系,分别对这两部分进行拟合,拟合情况分别如图 3-5 和图 3-6 所示。

龙口油页岩含油率与灰分的拟合关系为:

① 当油页岩密度小于 1.4 g/cm³、灰分小于 36.98% 时,关系模型为

$$y = 0.253\ 5x + 11.422, \quad R^2 = 0.981\ 1 \tag{3-2}$$

② 当油页岩密度大于 1.4 g/cm³、灰分大于 36.98% 时,关系模型为

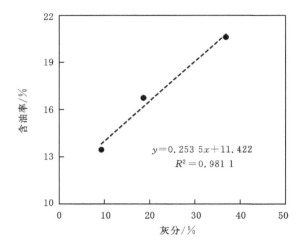

图 3-5　龙口油页岩灰分与含油率拟合曲线(1)

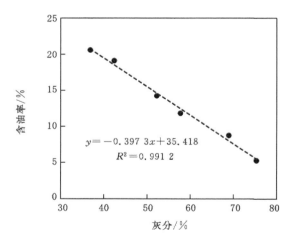

图 3-6　龙口油页岩灰分与含油率拟合曲线(2)

$$y = -0.397\,3x + 35.418, \quad R^2 = 0.991\,2 \qquad (3\text{-}3)$$

由表 3-7 的累计灰分与累计含油率数据,可绘制二者关系曲线,如图 3-7 所示。从图 3-7 中可以发现,浮物累计含油率随浮物灰分增加呈现先增加后减小的规律,可从曲线中读出任一浮物灰分下的精矿含油率。沉物累计含油率随沉物累计灰分的增加而减少,沉物越多,矿物的含油率越高,可由该曲线得出任一沉物灰分下的尾矿含油率。

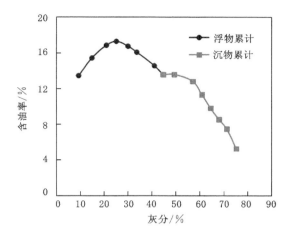

图 3-7　龙口油页岩浮物累计和沉物累计含油率曲线

由图 3-7 可以发现,当油页岩浮物累计灰分低于 25.31% 时,浮物累计含油率随着灰分的增加而增加,此时,对灰分和含油率的关系模型进行分析,如图 3-8 所示。

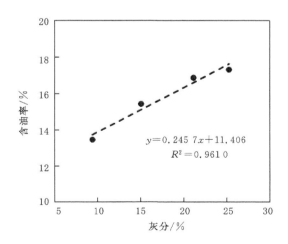

$y=0.245\ 7x+11.406$
$R^2=0.961\ 0$

图 3-8　龙口油页岩含油率与浮物累计灰分拟合曲线(1)

从图 3-8 中可以看出,当浮物累计灰分低于 25.31％时,含油率与灰分的线性关系模型为:

$$y = 0.245\ 7x + 11.406, \quad R^2 = 0.961\ 0 \tag{3-4}$$

当浮物累计灰分大于 25.31％的时候,含油率与灰分的拟合关系如图 3-9 所示。

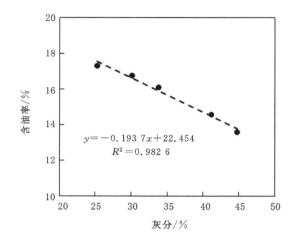

图 3-9　龙口油页岩含油率与浮物累计灰分拟合曲线(2)

从图 3-9 可以看出,当浮物累计灰分大于 25.31％时,含油率与灰分的关系模型为:

$$y = -0.193\ 7x + 22.454, \quad R^2 = 0.982\ 6 \tag{3-5}$$

式(3-5)的 R^2 值达 0.982 6,说明拟合程度很高,因此,可通过式(3-5)来估算当油页岩浮物累计灰分大于 25.31％时任一灰分下的含油率。

从图 3-7 中沉物累计含油率与沉物累计灰分可以看出,当沉物累计灰分较低时,含油率与沉物累计灰分之间关系不存在简单的线性关系,而当沉物累计灰分较高时,含油率与沉物累计灰分之间可近似看作线性关系。对沉物累计灰分大于 57.12％的部分进行线性拟合,拟合结果如图 3-10 所示。

当灰分大于 57.12％时,含油率与沉物累计灰分之间符合以下关系模型:

$$y = -0.402\ 3x + 35.848, \quad R^2 = 0.994\ 6 \tag{3-6}$$

该关系模型中 R^2 达 0.994 6,可认为当沉物累计灰分大于 57.12％时,沉物累计含油率和沉物累计灰分之间存在线性关系。实际生产中油页岩主要为干馏炼油,分选主要是为了在一定程度上富集油母质,提高干馏的效率,因此,沉

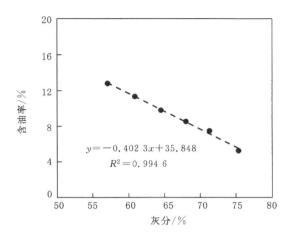

图 3-10　龙口油页岩含油率与沉物累计灰分关系曲线

物累计灰分一般不会低于 57.12%,故不考虑灰分低于 57.12% 时的情况。

3.2　油页岩原矿可选性分析

矿物的可选性是指按照规定的质量指标从原矿中分选精矿的难易程度。在分选过程中,影响油页岩可选性的因素主要是密度组成和要求的试验指标。油页岩的可选性评定方法可按照国家标准《煤炭可选性评定方法》(GB/T 16417—2011)规定的可选性等级,采用"分选密度±0.1 含量法"(简称"δ±0.1 含量法")来进行评定。可选性等级划分标准如表 3-8 所列。

表 3-8　分选密度 δ±0.1 含量评定可选性等级表

δ±0.1 含量/%	可选性等级
≤10.0	易选
10.1～20.0	中等可选
20.1～30.0	较难选
30.1～40.0	难选
>40.0	极难选

通过浮沉试验可以了解特定密度下矿物的数、质量情况,而可选性曲线是由物料浮沉试验结果绘制而成的,能反映物料任意密度级的数、质量分布情况。可选性曲线是一组曲线,包括灰分特性曲线、浮物曲线、沉物曲线、密度曲线和 $\delta\pm0.1$ 曲线。

灰分特性曲线又称为 λ 曲线,该曲线最能反映原矿各成分之间的结合特性,能集中体现原矿的可选性。灰分特性曲线是一条小于规定灰分的原矿产率和灰分的关系曲线。浮物曲线简称为 β 曲线,其上的任意一点是表示在某一浮物产率下的浮物平均灰分或某一确定浮物平均灰分下的产率。沉物曲线简称为 θ 曲线,其上的任意一点表示某一沉物产率下的沉物平均灰分或某一沉物平均灰分下的沉物产率。密度曲线简称为 δ 曲线,曲线上任意一点表示的是某一分选密度时,浮物和沉物的理论产率。$\delta\pm0.1$ 含量曲线简称为 ε 曲线,该曲线上任意一点表示某一分选密度下,其邻近密度物的产率。按照《煤炭可选性评定方法》(GB/T 16417—2011)中的规定,$\delta\pm0.1$ 含量按理论分选密度计算:理论分选密度小于 1.70 g/cm³ 时,以扣除沉矸(>2.00 g/cm³)为 100% 计算 $\delta\pm0.1$ 含量;理论分选密度等于或大于 1.70 g/cm³ 时,以扣除低密度物(<1.50 g/cm³)为 100% 计算 $\delta\pm0.1$ 含量。

可选性曲线在重介质选矿中有着广泛的应用,常被用来评定矿物的可选性、确定理论工艺指标和计算特定条件下的理论产率和理论灰分等。

3.2.1　油页岩原矿 50～0.5 mm 粒级可选性分析

为研究原矿的浮沉组成,并进一步分析密度组成特性,依照表 3-4 中数据,对原矿 50～0.5 mm 浮沉资料进行整理和计算,完成浮沉试验综合表,如表 3-9 所列。

从表 3-9 中数据可以看出,1.3～1.4 g/cm³ 和 1.8～1.9 g/cm³ 这两个密度级产率较高,分别为 17.86% 和 18.65%,其他各粒级密度产率相差不大,均在 10% 左右。页岩泥的产率为 3.66%,泥量稍多。页岩泥灰分高于油页岩原矿灰分,这说明高密度的油页岩较低密度的油页岩易泥化。各密度级邻近密度物含量均高于 20%,扣除低密度产物后,最低产率为 34.33%,对照表 3-8 的可选性评定方法可知,该油页岩属于难选油页岩,需要高分选精度的分选方法。

将表 3-9 的浮沉试验资料绘制成图 3-11 所示的可选性曲线。

表 3-9　龙口油页岩 50～0.5 mm 粒级浮沉试验综合表

密度级 /(g/cm³)	产率 /%	灰分 /%	累计				分选密度±0.1		
			浮物		沉物		密度级 /(g/cm³)	产率 /%	产率 (去精) /%
			产率 /%	灰分 /%	产率 /%	灰分 /%			
—1.3	11.49	9.63	11.49	9.63	100.00	44.90	1.3	29.35	49.38
1.3～1.4	17.86	18.63	29.35	15.10	88.51	49.48	1.4	29.08	48.93
1.4～1.5	11.22	36.62	40.57	21.06	70.65	57.28	1.5	21.03	35.38
1.5～1.6	9.81	43.11	50.38	25.35	59.43	61.18	1.6	20.85	35.08
1.6～1.7	11.04	52.17	61.42	30.17	49.62	64.75	1.7	20.40	34.33
1.7～1.8	9.37	58.37	70.78	33.90	38.58	68.35	1.8	28.02	47.14
1.8～1.9	18.65	68.71	89.43	41.16	29.22	71.55	1.9	23.94	40.27
+1.9	10.57	76.56	100.00	44.90	10.57	76.56			
合计	100.00	44.90							
页岩泥	3.66	58.89							
总计	100.00	45.40							

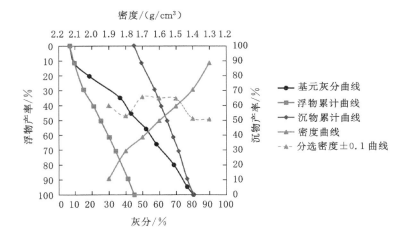

图 3-11　龙口油页岩 50～0.5 mm 粒级可选性曲线

　　由图 3-11 可以看出,浮物累计曲线和沉物累计曲线都近似呈一条直线,说明其产率与灰分基本呈线性关系。灰分特性曲线在灰分较低时坡度较缓,之后基本呈一条直线,这说明低密度级的油页岩灰分低且无机矿物质分布较为均匀;曲线中部和下部近似直线,这说明中间密度级和高密度级油页岩中有机质与无机矿物质结合致密;随着密度的增大,高密度的无机矿物质在油页岩中成比例地增加。密度曲线在上部和下部较为陡峭,这说明在高密度和低密度处,分选密度对油页岩精矿产量的影响较大;中间部分斜率较两端小,这说明在中间密度进行分选时,分选密度对油页岩精矿产量的影响小于高密度和低密度时。密度曲线整体斜率都比较大,说明各分选密度下,油页岩均较难分选。分选密度±0.1曲线在低密度和高密度时浮物产率大于40%,说明在此分选密度下属于极难选油页岩;在中间密度(1.5~1.7 g/cm³)时,浮物产率小于40%,说明属于难选油页岩,分选难度相对较低。

假定精矿灰分为35.0%,对照图3-11的可选性曲线可以发现,精矿产率为73.9%,而尾矿产率为26.1%,尾矿灰分为72.2%,分选时的临界基元灰分为64.1%,分选密度为1.820 g/cm³,邻近密度物含量为46.9%,属于极难选油页岩。

不同粒度的油页岩因其产率与灰分的不同有着不同的分选条件,为分析不同粒级的油页岩可选性的差异,下面分别整理各粒度级浮沉资料,并绘制可选性曲线,分析其可选性,其中50~25 mm粒级油页岩由于含量太少,不再单独进行可选性分析。

3.2.2 油页岩原矿25~13 mm粒级可选性分析

将原矿25~13 mm粒级浮沉资料进行整理和计算,完成浮沉试验综合表,如表3-10所列。从浮沉试验总表3-4可以发现,25~13 mm是龙口油页岩的主要粒级,并且该粒级与全粒级浮沉试验有着相近的结果。由表3-10可以看出,在所有密度级中,1.3~1.4 g/cm³和1.8~1.9 g/cm³这两个密度级产率最高,分别为17.70%和20.61%。低密度级-1.5 g/cm³和高密度级+1.8 g/cm³产率均较高,中等密度级1.5~1.8 g/cm³产率较低。页岩泥的产率为2.85%,泥的灰分高于原矿灰分,这说明高密度的油页岩较低密度的油页岩易泥化。各密度级邻近密度物含量均高于20%,扣除低密度产物后,1.5~1.7 g/cm³密度级邻近密度物含量在33%左右,属于难选油页岩;当分选密度在-1.5 g/cm³和+1.7 g/cm³时属于极难选油页岩。

表 3-10　龙口油页岩 25～13 mm 粒级浮沉试验综合表

密度级 /(g/cm³)	产率 /%	灰分 /%	累计				分选密度±0.1		
			浮物		沉物		密度级 /(g/cm³)	产率 /%	产率（去精）/%
			产率 /%	灰分 /%	产率 /%	灰分 /%			
−1.3	11.41	10.15	11.41	10.15	100.00	45.46	1.3	29.11	48.60
1.3～1.4	17.70	18.90	29.11	15.47	88.59	50.01	1.4	28.69	47.91
1.4～1.5	10.99	36.48	40.10	21.23	70.89	57.78	1.5	20.21	33.74
1.5～1.6	9.22	42.03	49.32	25.12	59.90	61.68	1.6	20.27	33.84
1.6～1.7	11.05	52.40	60.37	30.11	50.68	65.26	1.7	19.97	33.35
1.7～1.8	8.92	57.56	69.29	33.65	39.63	68.85	1.8	29.53	49.31
1.8～1.9	20.61	69.58	89.91	41.89	30.71	72.13	1.9	25.66	42.84
+1.9	10.09	77.32	100.00	45.46	10.09	77.32			
合计	100.00	45.46							
页岩泥	2.85	58.60							
总计	100.00	45.84							

将表 3-10 的浮沉试验资料绘制成图 3-12 所示的可选性曲线。

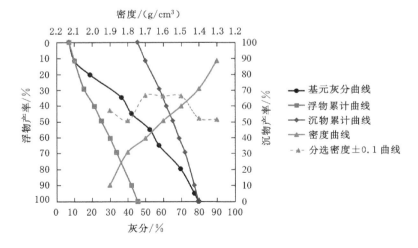

图 3-12　龙口油页岩 25～13 mm 粒级可选性曲线

由图 3-12 可以看出，其浮物累计曲线和沉物累计曲线都近似呈一条直线，说明产率与灰分基本呈线性关系。灰分特性曲线在灰分较低时坡度较缓,之后基本呈一条直线,这说明低密度级的油页岩灰分含量低且无机矿物质分布较为均匀;中部和下部呈一条斜直线,这说明中间密度级和高密度级油页岩中有机质与无机矿物质结合致密,而随着密度的增大,高密度的无机矿物质在油页岩中成比例的增加。密度曲线在上部和下部较为陡峭,这说明在高密度和低密度处,分选密度对油页岩精矿产量的影响较大;中间部分斜率较两端小,这说明在中间密度进行分选时,分选密度对油页岩精矿产量的影响小于高密度和低密度时。密度曲线整体斜率都比较大,说明在各分选密度下油页岩均较难分选。分选密度±0.1曲线在低密度和高密度时浮物产率大于40%,说明在此分选密度下属于极难选油页岩;在中间密度(1.5～1.7 g/cm³)时,浮物产率小于40%,说明属于难选油页岩,分选难度相对较低。

假定精矿灰分为35.0%,对照图3-12的可选性曲线可以发现,精矿产率为72.5%,而尾矿产率为27.5%,尾矿灰分73.1%,分选时的临界基元灰分为64.0%,分选密度为1.820 g/cm³,邻近密度物含量为49.5%,属于极难选油页岩。

3.2.3 油页岩原矿 13～6 mm 粒级可选性分析

表3-11为龙口油页岩13～6 mm粒级浮沉试验结果。

表 3-11 龙口油页岩 13～6 mm 粒级浮沉试验综合表

密度级 /(g/cm³)	产率 /%	灰分 /%	累计				分选密度±0.1		
			浮物		沉物		密度级 /(g/cm³)	产率 /%	产率 (去精) /%
			产率 /%	灰分 /%	产率 /%	灰分 /%			
−1.3	11.72	8.21	11.72	8.21	100.00	44.14	1.3	28.16	46.04
1.3～1.4	16.44	16.93	28.16	13.30	88.28	48.90	1.4	27.13	44.35
1.4～1.5	10.68	34.80	38.84	19.21	71.84	56.22	1.5	21.16	34.60
1.5～1.6	10.48	43.47	49.32	24.37	61.16	59.96	1.6	22.74	37.17
1.6～1.7	12.26	51.04	61.58	29.68	50.68	63.37	1.7	21.66	35.41
1.7～1.8	9.40	59.08	70.98	33.57	38.42	67.31	1.8	28.51	46.61
1.8～1.9	19.11	67.07	90.08	40.68	29.02	69.97	1.9	24.06	39.35
+1.9	9.92	75.57	100.00	44.14	9.92	75.57			

表 3-11(续)

密度级/(g/cm³)	产率/%	灰分/%	累计				分选密度±0.1		
			浮物		沉物		密度级/(g/cm³)	产率/%	产率(去精)/%
			产率/%	灰分/%	产率/%	灰分/%			
合计	100.00	44.14							
页岩泥	4.31	57.88							
总计	100.00	44.73							

由表 3-11 整理可得出龙口油页岩 13～6 mm 粒级的可选性曲线,如图 3-13 所示。

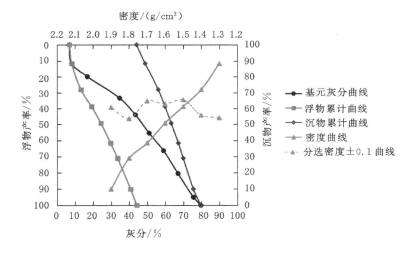

图 3-13　龙口油页岩 13～6 mm 粒级可选性曲线

假定精矿灰分为 35.0%,对照图 3-13 的可选性曲线可以知道,精矿产率为 74.6%,而尾矿产率为 25.4%,尾矿灰分为 71.2%,分选时的临界基元灰分为 63.7%,分选密度为 1.822 g/cm³,邻近密度物含量为 46.2%,属于极难选油页岩。

3.2.4　油页岩原矿 6～3 mm 粒级可选性分析

表 3-12 为龙口油页岩 6～3 mm 粒级浮沉试验结果。

表 3-12　龙口油页岩 6～3 mm 粒级浮沉试验综合表

密度级 /(g/cm³)	产率 /%	灰分 /%	累计				分选密度±0.1		
			浮物		沉物		密度级 /(g/cm³)	产率 /%	产率 (去精) /%
			产率 /%	灰分 /%	产率 /%	灰分 /%			
—1.3	8.09	8.12	8.09	8.12	100.00	43.85	1.3	28.20	48.32
1.3～1.4	20.11	14.74	28.20	12.84	91.91	47.00	1.4	33.55	57.49
1.4～1.5	13.44	36.63	41.64	20.52	71.80	56.03	1.5	23.31	39.94
1.5～1.6	9.87	45.59	51.51	25.32	58.36	60.50	1.6	19.05	32.64
1.6～1.7	9.18	50.40	60.69	29.12	48.49	63.53	1.7	20.70	35.48
1.7～1.8	11.52	57.76	72.21	33.69	39.31	66.60	1.8	23.07	39.54
1.8～1.9	11.55	64.45	83.77	37.93	27.79	70.26	1.9	19.67	33.71
＋1.9	16.23	74.40	100.00	43.85	16.23	74.40			
合计	100.00	43.85							
页岩泥	5.32	59.36							
总计	100.00	44.67							

　　由表 3-12 的浮沉数据可绘制龙口油页岩 6～3 mm 粒级可选性曲线,如图 3-14 所示。

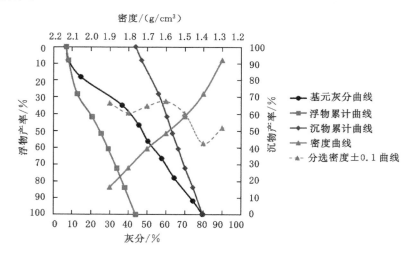

图 3-14　龙口油页岩 6～3 mm 粒级可选性曲线

假定精矿灰分为 35.0％,对照图 3-14 的可选性曲线可以知道,精矿产率为 75.6％,而尾矿产率为 24.4％,尾矿灰分为 71.4％,分选时的临界基元灰分为 63.0％,分选密度为 1.830 g/cm³,邻近密度物含量为 38.5％,属于难选油页岩。

3.2.5　油页岩原矿 3～0.5 mm 粒级可选性分析

表 3-13 为龙口油页岩 3～0.5 mm 粒级浮沉试验结果。

表 3-13　龙口油页岩 3～0.5 mm 粒级浮沉试验综合表

密度级 /(g/cm³)	产率 /%	灰分 /%	累计				分选密度±0.1		
			浮物		沉物		密度级 /(g/cm³)	产率 /%	产率 (去精) /%
			产率 /%	灰分 /%	产率 /%	灰分 /%			
−1.3	18.50	10.82	18.50	10.82	100.00	43.79	1.3	36.70	70.13
1.3～1.4	18.19	21.72	36.70	16.23	81.50	51.28	1.4	29.17	55.74
1.4～1.5	10.98	43.00	47.67	22.39	63.30	59.77	1.5	18.48	35.32
1.5～1.6	7.50	48.60	55.18	25.95	52.33	63.29	1.6	19.13	36.56
1.6～1.7	11.63	56.67	66.80	31.30	44.82	65.75	1.7	23.33	44.59
1.7～1.8	11.70	62.15	78.51	35.90	33.20	68.93	1.8	19.37	37.02
1.8～1.9	7.67	66.07	86.17	38.58	21.49	72.62	1.9	14.58	27.86
+1.9	13.83	76.25	100.00	43.79	13.83	76.25			
合计	100.00	43.79							
页岩泥	5.89	62.71							
总计	100.00	44.91							

由表 3-13 的浮沉数据可绘制成油页岩 3～0.5 mm 粒级可选性曲线,如图 3-15 所示。

从表 3-13 中可以看出,当分选密度高于 1.7 g/cm³ 时,随分选密度的升高,邻近密度物含量减少,分选难度降低。从基元灰分曲线的形状来看,龙口油页岩 3～0.5 mm 粒级分选难度较大。

假定精矿灰分为 35.0％,对照图 3-15 的可选性曲线可以得出,精矿产率为 76.1％,而尾矿产率为 23.9％,尾矿灰分为 71.8％,分选时的临界基元灰分为 63.3％,分选密度为 1.776 g/cm³,邻近密度物含量为 39.4％,属于难选油页岩。

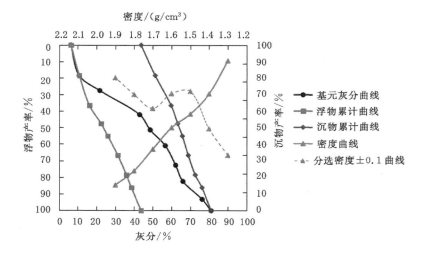

图 3-15　龙口油页岩 3～0.5 mm 粒级可选性曲线

假定精矿灰分为 35.0％，将不同粒级下的理论分选指标进行分析比较，如表 3-14 所列。

表 3-14　龙口油页岩不同粒级的理论分选指标

粒级 /mm	精矿产率 /%	精矿灰分 /%	精矿含油率/%	尾矿产率 /%	尾矿灰分 /%	尾矿含油率/%	分界灰分 /%	分界含油率/%	分选密度/ (g/cm³)	邻近密度物含量 /%
50～0.5	73.9	35.0	15.68	26.1	72.2	6.80	64.1	9.95	1.820	46.9
25～13	72.5	35.0	15.68	27.5	73.1	6.43	64.0	9.99	1.820	49.5
13～6	74.6	35.0	15.68	25.4	71.2	7.20	63.7	10.11	1.822	46.2
6～3	75.6	35.0	15.68	24.4	71.4	7.12	63.0	10.39	1.830	38.5
3～0.5	76.1	35.0	15.68	23.9	71.8	6.96	63.3	10.27	1.776	39.4

从表 3-14 中可以看出，当要求精矿灰分相同时，不同的粒级有着不同的分选指标。当精矿灰分为 35.0％时，精矿含油率为 15.68％，小粒级油页岩精矿产率较高，并且有着较低的分界灰分，分界含油率也有所提高，而且小粒级 3～0.5 mm 和 6～3 mm 邻近密度物含量要小于大粒级 13～6 mm 和 25～13 mm，说明在该精矿灰分要求下，小粒级油页岩比大粒级油页岩要容易分选。

3.3　油页岩重力分选富集试验研究

从各粒级油页岩可选性曲线和理论分选指标的数据中可以看出,相对大粒级油页岩,小粒级油页岩更容易分选。因此,将油页岩原矿进行破碎处理,分别破碎至 13 mm 以下和 6 mm 以下,进行筛分试验和重选试验,其中重选试验采用重液浮沉分选富集法和重介旋流器分选富集法两种方法,分别对龙口油页岩的分选富集效果进行分析评价。

3.3.1　油页岩破碎后筛分分析

（1）破碎至－13 mm 的筛分试验

表 3-15 为油页岩破碎至－13 mm 后筛分试验结果。

表 3-15　龙口油页岩破碎至－13 mm 筛分试验结果

粒级/mm	产率/%	灰分/%
13～6	45.57	49.83
6～3	24.78	42.87
3～0.5	19.88	38.92
－0.5	9.77	46.20
合计	100.00	45.58

由表 3-15 可知,破碎至－13 mm 后,产物主要粒度为 13～6 mm,对应产率为45.57%,此时灰分最高,为 49.83%;随着粒度减小,产率降低,灰分也随之降低,3～0.5 mm 粒级灰分最低,为 38.92%,－0.5 mm 粒级灰分又有所增加,为46.20%。

（2）破碎至－6 mm 的筛分试验

表 3-16 为油页岩破碎至－6 mm 后筛分试验结果。

表 3-16　龙口油页岩破碎至－6 mm 筛分试验结果

粒级/mm	产率/%	灰分/%
6～3	46.28	46.14
3～0.5	37.75	43.97

表 3-16(续)

粒级/mm	产率/%	灰分/%
−0.5	15.97	47.77
合计	100.00	45.58

油页岩进一步破碎至−6 mm 后,产物主要粒度为 6~3 mm,对应产率为 46.28%,此时灰分为 46.14%;3~0.5 mm 粒级产率为 37.75%,灰分为 43.97%,而−0.5 mm 粒级灰分较高,为 47.77%。结合自然级和破碎级筛分试验结果可知,破碎后,最大粒级的油页岩产率最大,随粒度减小产率逐渐减低;除−0.5 mm 的页岩泥外,粒度越小,灰分越低。

3.3.2 油页岩重液浮沉分选富集试验研究

分别将油页岩破碎至−13 mm 和−6 mm,对比破碎前后的浮沉情况,结果如表 3-17 所列。

表 3-17 龙口油页岩破碎前后浮沉情况分析

密度级 /(g/cm³)	破碎前		破碎至−13 mm		破碎至−6 mm	
	产率/%	灰分/%	产率/%	灰分/%	产率/%	灰分/%
−1.3	11.49	9.63	7.32	12.68	5.03	13.09
1.3~1.4	17.86	18.63	18.85	18.19	22.37	15.83
1.4~1.5	11.22	36.62	14.16	36.44	13.09	36.10
1.5~1.6	9.81	43.11	11.11	45.00	10.83	45.62
1.6~1.7	11.04	52.17	8.34	53.17	5.98	51.84
1.7~1.8	9.37	58.37	10.99	58.36	9.33	57.13
1.8~1.9	18.65	68.71	12.99	63.24	11.26	60.14
+1.9	10.57	76.56	16.23	71.75	22.12	71.11
合计	100.00	44.90	100.00	45.23	100.00	44.79

从表 3-17 中可以看出,破碎后中间密度级 1.5~1.8 g/cm³ 产率有所减小,破碎前为 30.22%,破碎至−13 mm 后为 30.44%,破碎至−6 mm 后为 26.14%,相应的低密度级和高密度级产率均有所增加;高密度级 1.8~1.9 g/cm³ 的产率有所减小,从 18.65% 分别减小至 12.99% 和 11.26%,而+1.9 g/cm³ 密度级产率

从 10.57％分别增加至 16.23％和 22.12％,这说明破碎导致高密度矸石含量增加,有利于分选排矸。大粒径油页岩破碎后,完成了初步解离,使得低密度产物和高密度产物含量均有所增加。

（1）油页岩破碎至—13 mm 后 13～0.5 mm 粒级重液浮沉试验分析

表 3-18 为油页岩破碎至—13 mm 后采用重液进行浮沉浮选富集的试验结果。

表 3-18　龙口油页岩破碎至—13 mm 后 13～0.5 mm 粒级浮沉试验结果

密度级 /(g/cm³)	产率 /%	灰分 /%	累计				分选密度±0.1		
			浮物		沉物		密度级 /(g/cm³)	产率 /%	产率（去精） /%
			产率 /%	灰分 /%	产率 /%	灰分 /%			
—1.3	7.32	12.68	7.32	12.68	100.00	45.23	1.3	26.17	43.86
1.3～1.4	18.85	18.19	26.17	16.65	92.68	47.80	1.4	33.00	55.31
1.4～1.5	14.16	36.44	40.33	23.60	73.83	55.36	1.5	25.27	42.35
1.5～1.6	11.11	45.00	51.44	28.22	59.67	59.85	1.6	19.46	32.61
1.6～1.7	8.35	53.17	59.79	31.70	48.56	63.25	1.7	19.34	32.41
1.7～1.8	10.99	58.36	70.78	35.84	40.21	65.34	1.8	23.98	40.19
1.8～1.9	12.99	63.24	83.77	40.09	29.22	67.97	1.9	21.10	35.37
+1.9	16.23	71.75	100.00	45.23	16.23	71.75			
合计	100.00	45.23							
浮沉页岩泥	1.42	65.27							
总计	100.00	45.51							

整理分析表 3-18 中浮沉数据,并绘制成如图 3-16 所示的可选性曲线。

通过图 3-16 和表 3-18 可以发现,当分选密度为 1.6～1.7 g/cm³ 时,分选难度较低;当分选密度大于 1.8 g/cm³ 时,分选难度较高。

假定精矿灰分为 35.0％,对照图 3-16 的可选性曲线可以得到,精矿产率为 68.8％,尾矿产率为 31.2％,尾矿灰分为 67.6％,分选时的临界基元灰分为 60.2％,分选密度为 1.783 g/cm³,邻近密度物含量为 39.6％,属于难选油页岩。

（2）油页岩破碎至—6 mm 后 6～0.5 mm 粒级浮沉试验分析

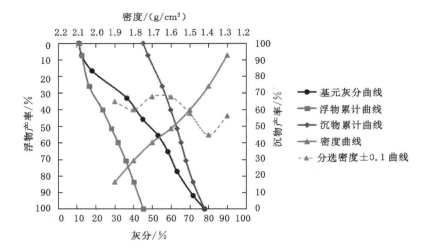

图 3-16　龙口油页岩破碎至 −13 mm 后 13～0.5 mm 粒级可选性曲线

表 3-19 为油页岩破碎至 −6 mm 后采用重液进行浮沉浮选富集的试验结果。

表 3-19　龙口油页岩破碎至 −6 mm 后 6～0.5 mm 粒级浮沉试验综合表

密度级 /(g/cm³)	产率 /%	灰分 /%	累计				分选密度±0.1		
			浮物		沉物		密度级 /(g/cm³)	产率 /%	产率（去精） /%
			产率 /%	灰分 /%	产率 /%	灰分 /%			
−1.3	5.02	13.09	5.02	13.09	100.00	44.79	1.3	27.39	46.03
1.3～1.4	22.37	15.83	27.39	15.32	94.97	46.47	1.4	35.45	59.57
1.4～1.5	13.09	36.10	40.48	22.04	72.61	55.91	1.5	23.92	40.18
1.5～1.6	10.83	45.62	51.31	27.02	59.52	60.27	1.6	16.81	28.25
1.6～1.7	5.98	51.84	57.29	29.61	48.69	63.53	1.7	15.31	25.73
1.7～1.8	9.33	57.13	66.62	33.46	42.71	65.17	1.8	20.58	34.58
1.8～1.9	11.26	60.14	77.88	37.32	33.38	67.41	1.9	22.32	37.49
+1.9	22.12	71.11	100.00	44.79	22.12	71.11			
合计	100.00	44.79							
浮沉 页岩泥	1.64	67.53							
总计	100.00	45.17							

整理分析表 3-19 中浮沉数据,并绘制成如图 3-17 所示的可选性曲线。

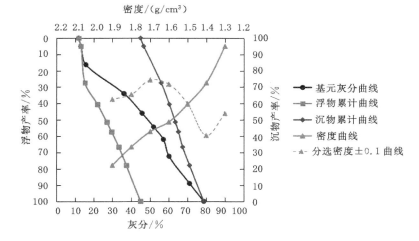

图 3-17　龙口油页岩破碎至－6 mm 后 6～0.5 mm 粒级可选性曲线

从图 3-17 可以发现,基元灰分曲线上部斜率较高,中间部分斜率降低,底部斜率又有所增加。当分选密度在 1.6～1.7 g/cm³ 时,邻近密度物含量在 20%～30%,此时分选难度较低;分选密度高于 1.7 g/cm³ 后,邻近密度物含量增加,分选难度也增加。

假定精矿灰分为 35.0%,对照图 3-17 的可选性曲线可以知道,精矿产率为 71.0%,而尾矿产率为 29.0%,尾矿灰分为 68.7%,分选时的临界基元灰分为 59.5%,分选密度为 1.840 g/cm³,邻近密度物含量为 36.0%,属于难选油页岩。

将精矿灰分为 35.0% 时,不同破碎情况的油页岩分选指标整理成表 3-20。

表 3-20　油页岩破碎至－13 mm 和－6 mm 的理论分选指标

破碎情况	精矿产率/%	精矿灰分/%	精矿含油率/%	尾矿产率/%	尾矿灰分/%	尾矿含油率/%	分界灰分/%	分界含油率/%	分选密度/(g/cm³)	邻近密度物含量/%
破碎至－13 mm (13～0.5 mm)	68.8	35.0	15.68	31.2	67.6	8.65	60.2	11.50	1.783	39.6
破碎至－6 mm (6～0.5 mm)	71.0	35.0	15.68	29.0	68.7	8.21	59.5	11.78	1.840	36.0

由表 3-20 可以发现,在精矿灰分均为 35.0% 时,相比于破碎至 -13 mm,破碎至 -6 mm 后精矿产率有所提高,相应的尾矿产率有所降低,尾矿灰分升高,分界灰分降低,分选密度稍微增高,并且邻近密度物含量略有下降,说明进一步的破碎使油页岩的分选难度略微降低。

可以发现,龙口油页岩经过破碎,中间密度级部分的产率降低,低密度级和高密度级部分产率均有所增加,并且浮沉试验表明,破碎后在精矿灰分不变的情况下,精矿产率增加,尾矿灰分升高,说明破碎有助于油页岩的解离。破碎后,在几乎相同的分选密度下,邻近密度物含量减少,分选难度降低,这说明一定程度的破碎有助于油页岩的分选富集。

3.3.3 油页岩重介旋流器分选富集试验研究

(1)试验系统组成

油页岩重介旋流器分选试验系统主要由搅拌桶、管道系统、渣浆泵、压力表和两产品重介质旋流器等组成。试验装置如图 3-18 和图 3-19 所示。

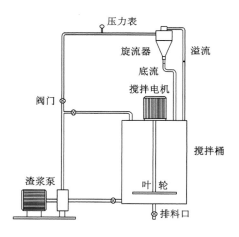

图 3-18 油页岩重介旋流器分选试验系统示意图

(2)试验系统主要设备

① 渣浆泵。泵的选型原则主要有以下几点:a. 泵的型号和性能应符合装置流量、扬程、压力、温度、汽蚀余量等工艺的要求;b. 要满足介质特性的要求,例如,输送含固体颗粒介质的泵,需要采用耐磨材料做对流部件;c. 机械方面要求可靠性高、噪声和振动小。

图 3-19 油页岩重介旋流器分选试验系统实物图

② 搅拌桶。试验所用搅拌桶由搅拌电机和桶体两部分组成,桶体部分还作为旋流器的入料桶,是由几块铁板焊接而成的立方体,其总体积为 0.28 m³。试验时,将磁铁矿粉和水在搅拌桶内配置成需要的悬浮液,然后加入油页岩调节矿浆浓度。搅拌桶的体积应适中,以便维持系统正常运转。

③ 旋流器。试验所用旋流器为两产品重介质旋流器,其结构参数如图 3-20所示。

④ 压力表。压力表的安装位置在旋流器入料管附近,通过它可以方便、直观地读取旋流器的入料压力,了解旋流器入料情况是否稳定。

(3)试验方案

分选入料的选择:对油页岩入料进行筛分,将 +6 mm 油页岩进行破碎,破碎至 -6 mm,之后再次筛分,选取粒度为 6～3 mm 油页岩进行重选试验。图 3-21 为油页岩闭路破碎流程图。

悬浮液的配置:先向搅拌桶中加入一定量的清水,然后加入磁铁矿粉,将密度配至所需的悬浮液密度,开启搅拌装置,并利用渣浆泵将矿浆通过回流管道重新打入搅拌桶形成闭路循环,然后加入油页岩颗粒,调节矿浆浓度,使其形成动态平衡。

试验方法:在搅拌桶内调节好矿浆浓度并使其混合均匀,由渣浆泵以一定的压力将矿浆沿切向方向给入旋流器,油页岩经旋流器分选后分为溢流产品和底流产品,待旋流器稳定运行后,同时间段接取旋流器底流和溢流产品,用 0.5

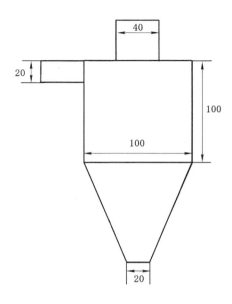

图 3-20　重介质旋流器结构参数图

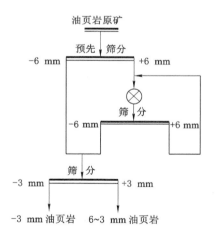

图 3-21　油页岩原矿闭路破碎流程图

mm 标准筛进行筛分,并按照同一标准进行清洗、晒风、烘干、称重、制样烧灰,计算出两种产品的产率与灰分。矿浆的浓度可通过手动测量循环矿浆浓度得到,旋流器入料压力通过调节循环矿浆量来控制,压力通过压力表在线观测。

悬浮液密度的计算公式为：

$$\rho_{zj} = \lambda(\rho_j - 1) + 1 \qquad (3\text{-}7)$$

式中　ρ_{zj}——重介质悬浮液的密度，g/cm^3；

　　　λ——悬浮液的固体容积浓度，%；

　　　ρ_j——加重质的平均密度，g/cm^3。

加重质的平均密度计算公式为：

$$\rho_j = \cfrac{1}{\cfrac{\gamma_1}{\rho_1} + \cfrac{\gamma_2}{\rho_2}} \qquad (3\text{-}8)$$

式中　ρ_j——加重质的平均密度，g/cm^3；

　　　γ_1, γ_2——分别为悬浮液固体中磁铁矿粉和油页岩泥的含量（质量分数），%；

　　　ρ_1, ρ_2——分别为磁铁矿粉和油页岩泥的密度，g/cm^3。

试验所用磁铁矿粉密度为 4.6 g/cm^3，油页岩泥的密度为 1.7 g/cm^3，固体中油页岩泥的含量占 20% 时，由式(3-8)可知，加重质的平均密度为 3.43 g/cm^3。表 3-21 为计算所得不同密度悬浮液的理论配比表。

表 3-21　不同密度悬浮液理论配比表

密度级 /(g/cm³)	磁铁矿粉质量 /g	油页岩泥质量 /g	加重质质量 /g	水的体积 /L	固体容积浓度 /%	悬浮液总体积 /L
1.30	50 815.9	12 704.0	63 519.9	131.5	12.35	150.0
1.35	59 285.2	14 821.3	74 106.5	128.4	14.40	150.0
1.40	67 754.5	16 938.6	84 693.1	125.3	16.46	150.0
1.45	76 223.8	19 056.0	95 279.8	122.2	18.52	150.0
1.50	84 693.1	21 173.3	105 866.4	119.1	20.58	150.0
1.55	93 162.5	23 290.6	116 453.1	116.0	22.64	150.0
1.60	101 631.8	25 407.9	127 039.7	113.0	24.69	150.0
1.65	110 101.1	27 525.3	137 626.4	109.9	26.75	150.0
1.70	118 570.4	29 642.6	148 213.0	106.8	28.81	150.0

（4）试验结果分析

油页岩重介旋流器分选富集试验的各参数分别为：旋流器底流口直径为 20 mm，溢流口直径为 40 mm，入料浓度为 100 g/L，入料压力为 0.01 MPa。在不同悬浮液密度下进行油页岩重选富集试验,试验结果如表 3-22 所列。

表 3-22 不同悬浮液密度下的分选结果

悬浮液密度 /(g/cm³)	精矿产率 /%	精矿灰分 /%	尾矿产率 /%	尾矿灰分 /%	原矿理论灰分/%	精矿含油率 /%	尾矿含油率 /%
1.50	58.26	31.93	41.74	69.98	47.81	16.27	7.69
1.55	59.33	33.72	40.67	67.24	47.35	15.92	8.79
1.60	67.24	34.85	32.76	69.96	46.35	15.70	7.70
1.65	69.48	34.57	30.52	70.97	45.67	15.76	7.29
1.70	78.82	40.16	21.18	72.72	47.05	14.68	6.59

从表 3-22 中数据可以看出,在不同悬浮液密度下,原矿的理论灰分分别为 47.81%、47.35%、46.35%、45.67%和 47.05%,与原矿实际灰分几乎一致,说明该取样方法较为合理。并且随着悬浮液密度升高,精矿产率和灰分均增加,而尾矿产率降低、灰分增加。表 3-23 为精矿理论灰分与实际灰分相同时的理论分选指标,表 3-24 为不同悬浮液密度下重介质旋流器中的实际分选密度。

表 3-23 精矿理论灰分与实际灰分相同时的理论分选指标

悬浮液密度 /(g/cm³)	精矿实际灰分 /%	精矿实际产率 /%	精矿理论产率 /%	数量效率 /%	理论分界灰分/%	理论分界含油率/%
1.50	31.93	58.26	62.9	92.62	57.1	12.73
1.55	33.72	59.33	65.3	90.86	58.5	12.18
1.60	34.85	67.24	70.6	95.24	59.3	11.86
1.65	34.57	69.48	70.0	99.26	59.0	11.98
1.70	40.16	78.82	85.5	92.19	69.0	8.01

表 3-24 不同悬浮液密度下重介质旋流器中的实际分选密度

悬浮液密度/(g/cm³)	1.50	1.55	1.60	1.65	1.70
实际分选密度/(g/cm³)	1.774	1.785	1.837	1.830	1.961

对表 3-22、表 3-23 和表 3-24 中数据分析可知,通过重介质旋流器对油页岩进行分选,可把油页岩分成低灰分、高含油率的精矿以及高灰分、低含油率的尾

矿,实现了油母质在精矿产品中的富集;并且重介质旋流器对悬浮液有浓缩作用,实际分选密度比悬浮液密度高 $0.2\sim0.3$ g/cm^3;当精矿实际灰分与理论灰分相同时,在不同分选密度情况下,重介质旋流器对油页岩分选的数量效率均高于 90%。这说明可以通过重介质旋流器对油页岩进行高效分选,实现油母质的富集。

3.4　本章小结

(1)本章主要研究了龙口油页岩的粒度、密度等基本性质,在此基础上进行浮沉试验,得到各粒级油页岩的浮沉资料和可选性曲线,发现相同精矿灰分下,小粒级油页岩有较好的分选指标,分选较为容易。

(2)对油页岩进行破碎试验,破碎后 -6 mm 龙口油页岩的低密度级和高密度级含量均多于 -13 mm 油页岩的低密度级和高密度级含量,说明破碎对油页岩有着一定的解离效果。研究发现,-6 mm 龙口油页岩邻近密度物含量为36.0%,低于 -13 mm 油页岩,说明破碎可以在一定程度上降低重力分选的难度。

(3)使用重介旋流器采用重液浮沉法进行了不同条件下的油页岩分选富集试验,试验结果证明可通过重选法高效地分选油页岩,实现油母质的富集,提高油页岩精矿的含油率,进而提高油页岩干馏炼油效率,并且可以通过可选性曲线对油页岩的重力分选富集进行理论上的指导。

参考文献

[1] 谢广元.选矿学[M].徐州:中国矿业大学出版社,2012:103.

第4章　油页岩的浮选富集

浮选是处理细粒和微细粒最广泛、最有效的分选方法,主要是根据矿物表面疏水性的差异,将目的矿物颗粒从脉石矿物颗粒中分离出来。有100余种矿物能够采用浮选法进行分选,包括金属矿产如铁矿、非金属矿产如硫铁矿以及可燃性有机矿产如煤等。据统计,在2000年,全世界每年通过浮选处理的矿石就已达到20亿 t[1]。

在固-液-气三相体系内,天然疏水的(或经浮选药剂处理后疏水的)矿物颗粒黏附在气泡上并随着气泡上升到泡沫层成为浮选精矿,亲水的脉石颗粒则留在矿浆中成为尾矿。根据不同颗粒的表面性质差异(即不同颗粒在水中对水、气泡、药剂的作用差异),通过药剂和机械调节,可以用浮选法高效分离出目的矿物和无用的脉石矿物。随着矿产资源的日渐枯竭,矿石呈现出"贫、细、杂"的特点,即有用矿物在矿石中的分布越来越细和越来越杂,再加上材料和化工行业对细粒、微细粒物料分选的要求和精度越来越高,浮选法越来越体现出其独特的优点,成为目前应用最广泛和最有前途的分选方法[2]。

本章选取山东龙口油页岩为研究对象,通过油页岩的表面性质研究,分析其可浮性,然后进行浮选富集试验探究。首先是基本浮选参数的确定(煤油用量、仲辛醇用量以及矿浆浓度的确定);其次对比不同的捕收剂对浮选的影响;然后,由于油页岩原矿中含有大量硅酸盐矿物以及其他无机质矿物,因此探究分散剂对页岩泥的分散效果;最终达到验证油页岩浮选富集油母质的可行性的目标。

4.1　油页岩可浮性分析

4.1.1　油页岩表面疏水性分析

如图 4-1 所示,在矿物表面上附着一个液滴。此时,任意二相界面都存在着界面自由能,以 σ_{sl}、σ_{lg}、σ_{sg} 分别代表固-液、液-气、固-气三个界面上的界面自由能。当固、液、气三相接触平衡时,过三相接触点,沿液-气界面的切线与固-液界面的夹角,称为接触角,用 θ 来表示。不同矿物具有不同的接触角,接触角反映了矿物表面的疏水性:如果 θ 角很小,则称其为亲水性表面;反之则称其为疏水性表面。接触角是三相界面相互作用的结果,当达到平衡时(三相润湿周边不动),作用于润湿周边上的三个表面张力在水平方向的分力必为零,于是其平衡状态方程(杨氏方程)为:

$$\sigma_{sg} = \sigma_{sl} + \sigma_{lg} \cdot \cos \theta \tag{4-1}$$

$$\cos \theta = (\sigma_{sg} - \sigma_{sl})/\sigma_{lg} \tag{4-2}$$

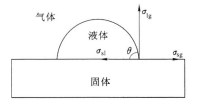

图 4-1　接触角示意图

由式(4-1)和式(4-2)可见,接触角 θ 越大,$\cos \theta$ 值越小,说明矿物的润湿性越差,疏水性和可浮性越好。因此,通过测定矿物的接触角可以大致评价矿物的润湿性和可浮性。龙口油页岩的接触角测定结果如图 4-2 所示。

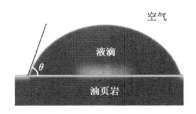

图 4-2　龙口油页岩接触角测定结果

经测量可知龙口油页岩的接触角为 72.6°,说明龙口油页岩的可浮性较好。

4.1.2 油页岩浮选速率试验

浮选速率试验是从时间角度来考察矿物的浮选行为,可以通过浮选速率的快慢反映其可浮性。矿物可浮性好,浮选速率就快,精矿产率高。因此,借鉴煤泥浮选速率试验,进行龙口油页岩浮选速率试验研究。油页岩浮选速率试验流程如图 4-3 所示。

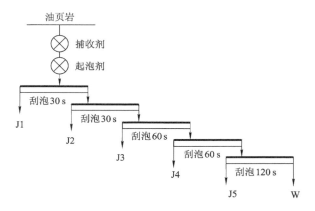

图 4-3　龙口油页岩浮选速率试验流程图

图 4-4 和图 4-5 是油页岩浮选速率试验结果图。从图 4-4 中可以发现,在前 1 min 内,可燃体回收率迅速增加,说明油页岩内有机质在前 1 min 之内上浮的速率达到最大,1 min 后,曲线的斜率逐渐降低,有机质的上浮速率逐渐减小。结合图 4-5 可得,精矿产率与灰分都随着浮选时间的增加而增加。在 5 min 的浮选时间内,精矿和可燃体回收率均不足 60%,说明油页岩具有一定可浮性,但浮选效果较差,这可能是由于油页岩灰分较高,具有较多的无机矿物质,在浮选过程中易受到矿泥罩盖、机械夹带等影响,导致部分有机质损失在尾矿当中。针对龙口油页岩的浮选特性,结合油页岩在工业上的主要用途——干馏炼油,要在尽量保证可燃体回收率的前提下,排出高灰分尾矿,在一定程度上实现油母质的富集,提高油页岩干馏利用效率。

4.1.3 油页岩粒度分析

由 2.1.2 节无机矿物质嵌布特性可知,龙口油页岩中有机质与无机矿物质

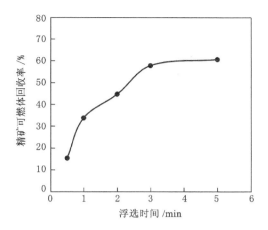

图 4-4　龙口油页岩浮选精矿可燃体回收率与浮选时间关系曲线

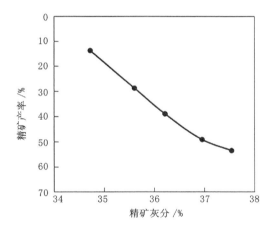

图 4-5　龙口油页岩浮选精矿产率与精矿灰分关系曲线

以错综复杂的形式嵌布,低灰分的情况下有机质呈笼状结构,无机矿物质嵌布其中;而高灰分的情况下,无机矿物质形成错综复杂的笼状结构,有机质不规则地嵌布其中,并且部分无机矿物质嵌布粒度微细。为了进一步实现有机质与无机矿物质的解离,将 -3 mm 的龙口油页岩原矿经球磨机磨后,采用 0.074 mm、0.125 mm、0.25 mm 的标准筛进行粒度分析,试验结果见表 4-1。

表 4-1　龙口油页岩球磨后粒度分析

粒级/mm	产率/%	灰分/%	筛上累计		筛下累计	
			产率/%	灰分/%	产率/%	灰分/%
−0.074	73.03	45.12	100.00	44.74	73.03	45.12
0.074~0.125	18.37	43.04	26.97	43.69	91.40	44.71
0.125~0.25	7.40	45.07	8.60	45.07	98.80	44.73
+0.25	1.20	45.06	1.20	45.06	100.00	44.74
总计	100.00	44.74				

表 4-1 数据显示,油页岩的粒度分布很不均匀,细粒级含量很高,−0.074 mm 粒级产率高达 73.03%,而中间粒级和粗粒级含量较少,特别是 +0.25 mm 粗粒级产率仅为 1.20%。从灰分数据看,0.074~0.125 mm 粒级灰分稍低于其他粒级,但整体来说各粒级灰分差别并不明显,可以认为油页岩灰分在各粒级分布较为均匀。由于各粒级灰分差别不大,但 −0.074 mm 粒级产率达到了 73.03%,并且龙口油页岩可浮性较差,因此选取 −0.074 mm 油页岩作为浮选入料。

4.2　油页岩浮选富集试验研究

4.2.1　各浮选参数的确定

(1)油页岩浮选捕收剂用量试验

煤油是目前煤泥浮选过程中应用最广泛的非极性烃类油捕收剂,药剂来源广,成本低。非极性烃类油的捕收作用主要表现在三个方面[2]:① 增加矿物表面的疏水性,提高疏水性矿物和气泡的附着;② 强化疏水性颗粒在气泡上的黏附稳定性;③ 细粒矿物表面黏附油滴后互相兼并,还可以形成气絮团。由于油页岩和煤的一些共性,所以参考煤泥浮选药剂制度,将煤油作为油页岩浮选的捕收剂。

以煤油用量为变量进行单因素探究试验,按图 4-6 所示流程进行油页岩浮选试验。浮选过程中其他参数值设定如下:矿浆浓度 20 g/L,仲辛醇用量 820 g/t,叶轮转速 1 900 r/min,充气量 0.3 m³/h,刮泡时间 2.5 min。浮选结果见表 4-2 和图 4-7。

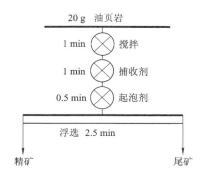

图 4-6　龙口油页岩单因素浮选试验流程图

表 4-2　不同煤油用量下龙口油页岩浮选结果

煤油用量/(g/t)	精矿产率/%	精矿灰分/%	可燃体回收率/%
1 000	31.58	43.55	32.12
4 000	44.21	40.26	47.59
6 000	52.40	40.37	56.30
8 000	55.52	39.42	60.61
10 000	61.11	39.53	66.59

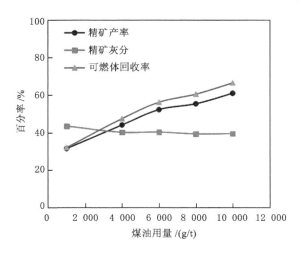

图 4-7　龙口油页岩浮选精矿产率、灰分、可燃体回收率与煤油用量关系

由表 4-2 和图 4-7 可得,在煤油用量小于 6 000 g/t 时,随着煤油用量的增加,精矿灰分降低,精矿产率和可燃体回收率增大;而当煤油用量大于 6 000 g/t 时,随着煤油用量的增加,精矿灰分有所降低但很不明显,精矿产率和可燃体回收率增加,但增幅变缓。这说明煤油用量的增加可以提高油页岩浮选效果,但是综合考虑浮选成本、精矿灰分以及可燃体回收率等因素,最终确定最佳煤油用量为 8 000 g/t。

（2）油页岩浮选起泡剂用量试验

起泡剂通常是一种异极性表面活性物质,能在气-液界面上定向吸附和排列。起泡剂主要有以下三个作用[2]:① 使空气在矿浆中分散成小气泡,防止气泡兼并;② 增大气泡的机械强度,提高气泡的稳定性;③ 降低气泡的运动速度,增加气泡在矿浆中停留的时间。

具有起泡性的物质有很多,如醇类、酚类、酮类等,但作为浮选用的起泡剂还要满足以下几点要求:① 用量省,形成的气泡多且稳定,黏度适中;② 有良好的流动性;③ 对矿浆 pH 值及各组分有较好的适应性。仲辛醇属于醇类,在水中不解离,起泡性能强,无捕收作用,在水中的溶解度大,分散性好,成本也低,对矿浆 pH 值改变较小,这些特征都符合对起泡剂的基本要求,因此,采用仲辛醇为起泡剂,通过单因素浮选试验探究仲辛醇最佳用量。浮选过程中其他参数设定如下:矿浆浓度 20 g/L,煤油用量 8 000 g/t,叶轮转速 1 900 r/min,充气量 0.3 m³/h,刮泡时间 2.5 min。浮选结果如表 4-3 所示。

表 4-3 不同仲辛醇用量下龙口油页岩浮选结果

仲辛醇用量/(g/t)	精矿产率/%	精矿灰分/%	可燃体回收率/%
420	40.81	41.52	43.00
630	53.15	38.44	58.96
820	56.17	39.26	61.48
1 260	67.53	41.02	71.76
1 680	72.79	41.56	76.13

从表 4-3 中可以发现,仲辛醇用量对油页岩浮选精矿产率、精矿灰分以及可燃体回收率均有着较为明显的影响。其中,精矿产率和可燃体回收率都随着仲辛醇用量的增加而增大,而精矿灰分则随着仲辛醇用量的增加呈现出先减小后增大的规律,在仲辛醇用量为 630 g/t 时,精矿灰分最低。这可能是因为当仲辛

醇用量小于 630 g/t 时,仲辛醇用量太少导致生成的气泡不稳定,脆弱易破裂,使得大量的有机质组分不能被气泡带到精矿泡沫层中,因此精矿产率和可燃体回收率均较低;此后,随着仲辛醇用量的逐渐增加,气泡趋于稳定并大量存在于矿浆中,形成了大量气絮团,这些气絮团增加了携带无机矿物颗粒的概率,导致精矿产率和灰分均升高。综上所述,可以看出仲辛醇用量 630 g/t 是一个临界点,大于或者小于这个用量,都不能得到最佳的浮选效果。因此,仲辛醇的最佳用量定为 630 g/t。

（3）油页岩浮选矿浆浓度用量试验

矿浆浓度是矿浆中固体颗粒的含量,常用表示方法有固液比（固体质量与液体体积之比）、固体含量百分数（固体质量占总质量的百分比）等。矿浆浓度是浮选过程中的重要因素,能够影响精矿回收率、精矿质量、药剂用量等技术经济指标。通常,矿浆浓度与浮选回收率正相关,即矿浆浓度低,浮选回收率也低,反之则浮选回收率高。但是,矿浆浓度过高会影响浮选精矿质量,使精矿品位降低。例如对于煤泥浮选,提高入选矿浆浓度,精煤产率、精煤灰分和尾煤灰分都会升高,但过高的矿浆浓度反而会导致精煤产率下降、精煤灰分增高、尾煤灰分降低,严重影响浮选效果。因此确定合适的入浮矿浆浓度至关重要。为了确定油页岩浮选的最佳矿浆浓度,采用单因素探究试验进行研究,选取矿浆浓度为 10 g/L、20 g/L、30 g/L 分别进行浮选试验。其他浮选条件如下:煤油用量 8 000 g/t,仲辛醇用量 630 g/t,叶轮转速 1 900 r/min,充气量 0.3 m³/h,刮泡时间 2.5 min。浮选结果见表 4-4。

表 4-4　不同矿浆浓度下龙口油页岩浮选结果

矿浆浓度/(g/L)	精矿产率/%	精矿灰分/%	可燃体回收率/%
10	55.50	38.63	61.92
20	54.45	38.40	58.96
30	40.80	39.82	44.64

从表 4-4 中可以发现,精矿产率和可燃体回收率随着矿浆浓度的升高反而呈下降趋势,这和煤泥浮选的规律相反。原因可能有以下两点:① 煤泥中有机质含量较高,一般原煤灰分小于 30%,入选煤泥灰分一般低于 40%,但龙口油页岩不同,其原矿灰分和浮选入料灰分均达到了 45%。② 龙口油页岩与煤炭的组成以及有机质无机质的嵌布形态虽有共同之处,但也有很大的差异性。龙

口油页岩中无机矿物质含量高且嵌布粒度细,有机质与无机质的结合十分紧密。在浮选过程中,微细无机质颗粒的大量存在会使得细泥罩盖和机械夹带现象更为严重,因此随着矿浆浓度的升高,龙口油页岩浮选精矿产率和可燃体回收率不断下降。综合考虑油页岩精矿的数量、质量和可燃体回收率等因素,最终确定龙口油页岩的最佳入浮矿浆浓度为 20 g/L。

4.2.2　不同捕收剂对浮选效果的影响研究

（1）柴油捕收剂试验研究

因为不同药剂对同一种矿物的浮选效果差别很大,因此选用不同的药剂进行试验能够确定最佳的药剂种类,从而获得较好的浮选效果。柴油,作为浮选中应用范围广泛的非极性烃类油捕收剂,有成本低、易得、浮选效果较好等优点。首先选用柴油作为油页岩浮选捕收剂进行浮选试验,浮选过程中其他参数设定如下:矿浆浓度 20 g/L,仲辛醇用量 630 g/t,叶轮转速 1 900 r/min,充气量 0.3 m³/h,刮泡时间 2.5 min。浮选结果见图 4-8。

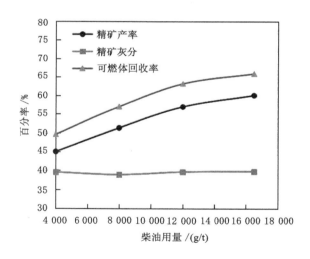

图 4-8　龙口油页岩精矿产率、灰分、可燃体回收率与柴油用量关系

由图 4-8 可以发现,随着柴油用量的增加,龙口油页岩浮选的精矿产率和可燃体回收率都增加;在不同的柴油用量下,精矿灰分呈现先略微降低然后又略微升高的变化,当用量为 8 000 g/t 时,精矿灰分最低。虽然从精矿产率和有机质回收率来说柴油的用量应趋于取较大的值,但是综合考虑浮选成本和精矿灰

分,最终确定柴油用量为 8 000 g/t。对比图 4-7 煤油作为捕收剂时油页岩的浮选结果可以发现,在相同用量(8 000 g/t)的条件下,煤油作为捕收剂时浮选精矿的灰分为 39.42%,明显高于柴油作为捕收剂时浮选精矿的灰分(38.92%);分析对比精矿产率和可燃体回收率,发现在相同用量下,使用柴油时的精矿产率(51.30%)和可燃体回收率(56.97%)明显低于使用煤油时的精矿产率(55.52%)和可燃体回收率(60.61%)。这表明在油页岩浮选中,煤油具有更高的捕收性,而柴油具有更好的选择性。因此,在油页岩浮选时,需要得到高精矿产率和高可燃体回收率,则用煤油作为捕收剂;需要得到低灰分精矿,则用柴油做捕收剂。

(2) 纳尔科捕收剂试验研究

近年来,新型人工合成的药剂也在浮选中得到了广泛应用,如纳尔科捕收剂和纳尔科起泡剂。纳尔科捕收剂属于油类,是一种混合物,组分是脂肪酸和表面活性剂。其选择性和捕收性比常见的捕收剂要好,能够更有选择性地吸附在疏水矿物的表面[3]。同时纳尔科捕收剂还具有很多优于常见捕收剂的特点:

① 在宽粒级范围内都可以取得很好的捕收效果,对浮选入料中小于 45 μm 的细颗粒也有较好的捕收效果。

② 有消泡作用,能有效抑制尾矿中的泡沫,在加大起泡剂用量时不会产生泡沫问题,因而更有利于后续作业。

鉴于以上优点,采用纳尔科捕收剂作为油页岩浮选的捕收剂进行研究,其他浮选参数设定如下:矿浆浓度 20 g/L,仲辛醇用量 630 g/t,叶轮转速 1 500 r/min,充气量 0.1 m³/h,刮泡时间 2.5 min。其浮选结果见图 4-9。

从图 4-9 可以看出,当纳尔科捕收剂用量从 1 000 g/t 增加到 2 000 g/t 时,油页岩浮选精矿产率和可燃体回收率均急剧增加,而精矿灰分只是略微增大。对比煤油和柴油浮选试验结果,在几乎相同的精矿灰分下,煤油、柴油的用量是纳尔科捕收剂用量的 4 倍。当纳尔科捕收剂用量大于 2 000 g/t 后,浮选精矿产率和可燃体回收率仍呈增长趋势,但是增长速率明显变缓。当纳尔科捕收剂用量达到 8 000 g/t 时,浮选精矿产率和可燃体回收率分别达到了 72.95% 与 75.59%,但是灰分也已达到了 42% 左右。因此,综合精矿数量、质量、可燃体回收率、药剂用量这 4 个评判标准考虑,最终确定纳尔科捕收剂用量为 2 000 g/t,此时精矿产率为 50%,精矿灰分为 38.30%,可燃体回收率为 56.09%。在煤油和柴油的最佳用量(8 000 g/t)下,得到的精矿灰分均较纳尔科捕收剂最适用量下得到的精矿灰分高,而精矿产率和可燃体回收率则低于纳尔科捕收剂,这体

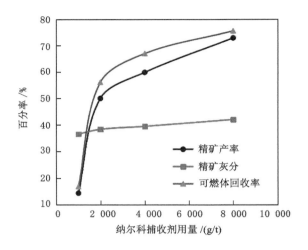

图 4-9　龙口油页岩精矿产率、灰分、可燃体回收率与纳尔科捕收剂用量关系

现出纳尔科捕收剂具有更好的选择性和捕收性。因此,在油页岩浮选中应当使用纳尔科捕收剂,不仅能有效地降低药剂用量,也能提高油页岩浮选的精矿产率、精矿质量以及可燃体回收率。

4.3　分散剂对油页岩浮选效果的影响研究

磨矿可以实现油页岩中有机质与无机质的解离,但是也带来了新的问题,即细泥夹带和细泥罩盖。细粒矿物在泡沫浮选过程中,因为泡沫之间的水化膜具有亲水性,因此水化膜会夹带部分亲水性的细粒无机矿物。细泥夹带的多少取决于细泥的粒度大小,粒度越细则细泥夹带现象越严重。细粒物料具有较大的比表面积,是热力学不稳定体系,故细粒物料之间的黏附常可自然发生,也由于范德瓦尔斯力作用而相互吸引,常呈无选择的黏附状态。矿浆中一些“难免离子”的作用,使粒子表面电位降低,从而使细泥更易黏附。细泥罩盖则是微细粒无机矿物覆盖在有用矿物的表面。无机矿物细泥的来源主要有两种:原生细泥和次生细泥。原生细泥主要是矿石中存在的各种易泥化物质,如高岭土等;次生细泥主要产生于破碎、磨矿等解离过程中。另外,细泥对浮选效果的影响除了细泥夹带和细泥罩盖外,还会增加药剂消耗和矿浆黏度;同时,细泥的较粗颗粒更易电离,使得矿浆中存在更多的“难免离子”。细泥夹带和细泥罩盖会极大降低浮选精矿的产率和质量。

　　为使矿浆中的颗粒处于分散状态,必须加入分散剂,以有效地分散细泥颗粒。分散剂的作用是使细泥表面的负电性增强,细泥之间的排斥力增大,并使细泥表面呈现较强的亲水性,防止细泥聚集和黏附在有用矿物表面。目前,使用最广泛的分散剂是硅酸钠(水玻璃),除此之外还有苏打和各类聚磷酸盐等。为探究分散剂对油页岩浮选效果的影响以及对比不同分散剂的效果,本节选取两种常用的分散剂——硅酸钠和六偏磷酸钠进行研究。

　　硅酸钠是常用的调整剂之一,它既是硅酸盐脉石矿物的抑制剂又是细泥的分散剂。硅酸钠对脉石矿物的抑制作用体现在带负电的硅酸胶粒以及 $SiO(OH)_3^-$(硅酸氢氧根)对脉石矿物的吸附上,这些离子吸附在颗粒表面后,会增强颗粒表面的亲水性。另外,它们可以增加浮选矿浆中石英、硅酸盐颗粒表面的电负性(这是因为上文中提到的 SiO_3^{2-}、$HSiO_3^-$、H^+ 和 OH^- 四种离子是石英、硅酸盐矿物的表面定位离子),带有同种负电荷的粒子间产生静电排斥力,使得整个体系更加稳定。

　　六偏磷酸钠是一种常用的分散剂,遇水易溶解,但是与有机溶剂不互溶。在浮选时,添加适量六偏磷酸钠可以增强颗粒的电负性,颗粒之间因静电斥力而处于分散状态,因此可以减弱细泥对浮选过程的影响。六偏磷酸钠在水溶液中能电离出带负电荷的阴离子,其阴离子活性较强,能够与 Ca^{2+}、Fe^{3+}、Mg^{2+} 等反应生成稳定络合物,因此能够抑制含有同种金属阳离子的矿物。本试验中所用到的六偏磷酸钠为质量分数 5% 的六偏磷酸钠水溶液。

　　上述两种不同的分散剂将用于龙口油页岩的浮选试验中,研究分散剂对油页岩浮选效果的影响并对比两种分散剂的效果,浮选流程见图 4-10。

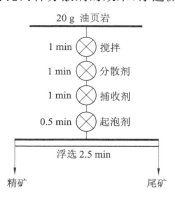

图 4-10　龙口油页岩浮选试验流程图(分散剂对浮选效果的影响)

其他浮选条件如下:矿浆浓度 20 g/L,纳尔科捕收剂用量 2 000 g/t,仲辛醇用量 630 g/t,叶轮转速 1 500 r/min,充气量 0.1 m³/h,刮泡时间 2.5 min。浮选结果见表 4-5。

表 4-5　分散剂对油页岩浮选效果的影响

分散剂种类	分散剂用量/(g/t)	精矿产率/%	精矿灰分/%	可燃体回收率/%
硅酸钠	220	55.90	36.45	64.59
	320	52.18	36.07	60.65
	500	47.98	35.27	56.47
	650	43.67	35.16	51.48
	890	41.39	35.72	48.37
	1 500	40.30	36.77	46.33
六偏磷酸钠	220	52.60	36.94	60.31
	320	48.75	36.75	56.06
	500	45.10	36.41	52.14
	650	42.56	35.94	49.57
	890	38.95	35.43	45.73
	1 500	35.05	36.96	40.17

图 4-11、图 4-12 和图 4-13 分别是两种分散剂的用量对龙口油页岩浮选精矿产率、精矿灰分以及可燃体回收率的试验结果曲线图。

从图 4-11 和图 4-13 中可以看出,随着两种分散剂用量的增加,浮选精矿产率和可燃体回收率均降低;在相同的用量条件下,使用硅酸钠作为分散剂时,精矿产率和可燃体回收率均高于六偏磷酸钠。精矿产率随分散剂用量增加下降的原因,分析是分散剂用量的增加导致矿浆黏度上升,使得油页岩浮选矿浆体系趋于稳定,破坏了较优的浮选矿浆条件。

从图 4-12 中可以发现,随着两种分散剂用量的增加,精矿灰分呈现先降低后升高的趋势,硅酸钠用量为 650 g/t 时,精矿灰分最低,为 35.16%,而六偏磷酸钠用量为 890 g/t 时,精矿灰分最低,为 35.43%。对比前面不用分散剂的浮选结果,可知添加两种分散剂浮选后的精矿灰分均有所降低。这表明,这两种分散剂均起到了明显的分散抑制效果,减轻了石英、硅酸盐矿物对油页岩浮选效果的影响。通过精矿灰分的对比,可知硅酸钠的分散效果优于六偏磷酸钠。

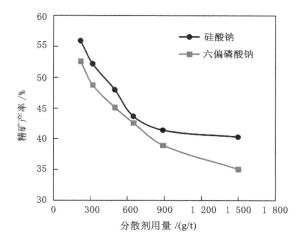

图 4-11　两种分散剂的用量对龙口油页岩浮选精矿产率的影响

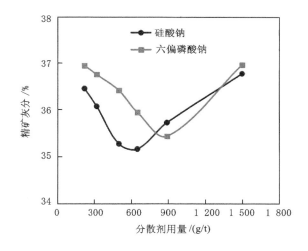

图 4-12　两种分散剂的用量对龙口油页岩浮选精矿灰分的影响

　　以上研究表明,油页岩浮选过程中加入分散剂能够显著降低精矿的灰分,并且在低用量下就可以提高精矿产率和可燃体回收率。两种分散剂经过对比后,可以确定,选取硅酸钠作为油页岩浮选的分散剂效果更好。不加分散剂时龙口油页岩浮选能取得的最好的分选效果是纳尔科做捕收剂,用量为 2 000 g/t,这个用量下得到精矿产率为 50%,精矿灰分为 38.30%,有机质回收率为 56.09%。

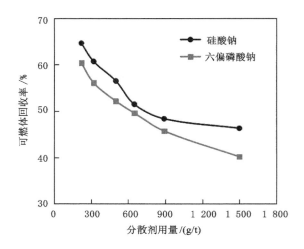

图 4-13　两种分散剂的用量对龙口油页岩浮选可燃体回收率的影响

在要求得到尽量高的可燃体回收率的前提下,选取 220 g/t 的硅酸钠用量,此时可燃体回收率能达到 64.59%。若要求精矿灰分尽量低,则将硅酸钠用量定为 500 g/t,此用量下的精矿产率为 47.98%,精矿灰分为 35.27%,可燃体回收率为 56.47%。

4.4　本章小结

（1）本章从龙口油页岩的表面性质入手,接触角测定表明其具有较好的可浮性;但浮选速率试验又表明龙口油页岩的可浮性较差,主要是由于油页岩中的高灰细泥含量多。可以在保证可燃体回收率的前提下,排出高灰分尾矿,一定程度上实现油母质的富集。

（2）通过磨矿、筛分和粒度分析,确定龙口油页岩浮选最佳入料粒度为 —0.074 mm。通过单因素探究试验,确定其他浮选最佳参数为:煤油用量 8 000 g/t,仲辛醇用量 630 g/t,矿浆浓度 20 g/L。

（3）研究了不同捕收剂和分散剂对龙口油页岩浮选效果的影响,发现煤油具有较强的捕收性,柴油具有较好的选择性,而纳尔科捕收剂的选择性和捕收性均强于煤油和柴油。在浮选过程中,加入分散剂能够显著地降低精矿的灰分,同时提高精矿产率。因此,通过浮选可在一定程度上实现油母质的富集。

参考文献

[1] 富尔斯特瑙.浮选百年[J].国外金属矿选矿,2001(3):2-9.

[2] 谢广元.选矿学[M].徐州:中国矿业大学出版社,2012:413.

[3] 高飞.纳尔科捕收剂在阳光选煤厂的应用[J].煤炭加工与综合利用,2011(5):16-18.

第5章　油页岩的化学分选富集

　　化学选矿是基于矿物和矿物组分的化学性质的差异,利用化学方法改变矿物组成,然后用其他的方法使目的组分富集的矿物加工工艺。它包括化学浸出与化学分离两个主要过程:化学浸出主要是依据物料在化学性质上的差异,利用酸、碱、盐等浸出剂选择性地溶解分离有用组分与废弃组分;化学分离则主要是依据化学浸出液中的物料在化学性质上的差异,利用物质在两相之间的转移来实现物料分离的方法,如沉淀和共沉淀、溶剂萃取、离子交换、色谱法、电泳、膜分离、电化学分离、泡沫浮选和选择性溶解等。

　　关于油页岩的化学分选,现阶段主要有碱-氧氧化和酸洗脱灰两方面的研究。相比来说,碱-氧氧化法要求的条件较为苛刻,需要加温加压;酸洗脱灰法反应条件则简单,常温常压下均可以进行,但现阶段主要是用 HCl-HF-HCl 酸洗法制备有机质,研究其有机质的结构,这种方法成本太高,并不能应用到实际生产中。

　　因此,本章节试验主要选取 HCl、H_2SO_4 和 HF 三种常见的酸,对龙口油页岩进行单酸的酸洗脱灰研究,主要目的在于简化酸洗工艺,脱除部分灰分,富集油母质,最终提高干馏效率,提高经济效益。

5.1　化学分选方案确定

　　由第 2 章油页岩的组成与结构分析可知,龙口油页岩主要含有蒙脱石、方沸石、高岭石、石英、方解石、白云石和黄铁矿等矿物。综合考虑到成本和安全性等问题,本章节采用 HCl、H_2SO_4 和 HF 三种常见的酸,分别对龙口油页岩进行化学分选研究,比对酸洗前后油页岩的灰分及干馏所得页岩油产率的变化。

　　将龙口油页岩原矿破碎至 3 mm 以下,筛分为 0～0.25 mm、0.25～1.00 mm、

1.00～3.00 mm 三个粒度级,筛分结果见表 5-1。

表 5-1　破碎后龙口油页岩筛分结果

粒级/mm	产率/%	灰分/%
0～0.25	20.38	50.39
0.25～1.00	33.11	44.47
1.00～3.00	46.51	42.92
总计	100.00	44.96

本章节试验中,所用的药剂如表 5-2 所列。

表 5-2　试验试剂表

试剂	纯度规格	来源
HCl	分析纯	国药集团化学试剂有限公司
H_2SO_4	分析纯	国药集团化学试剂有限公司
HF	分析纯	国药集团化学试剂有限公司
甲苯	分析纯	国药集团化学试剂有限公司

本章节试验中,所用的设备如表 5-3 所列。

表 5-3　试验设备的规格及其生产厂家

设备名称	设备型号	生产厂家
干燥箱	101-2	北京科伟永兴仪器有限公司
马弗炉	SX-4-1	北京科伟永兴仪器有限公司
水浴恒温振荡器	SHA-C	常州荣华仪器制造有限公司
颚式破碎机	FTC-100X60	镇江市丰泰化验制样设备有限公司
干馏炉	定制	定制
X-射线荧光光谱仪	S8 TIGER	德国 Bruker(布鲁克)公司
电子天平	FA2004	上海舜宇恒平仪器有限公司

本章节试验以单因素试验为中心,在 25 ℃条件下,用 HCl、H_2SO_4 和 HF 分别对龙口油页岩进行脱灰,主要考察油页岩粒度、固液比、酸的浓度和酸浸时间 4 个因素对脱灰效果的影响。试验过程如下:

将各酸配制成所需的浓度,称量 10.00 g(精确至 0.01 g)所需粒度的油页岩,在锥形瓶中以一定的固液比(指固体的质量与液体的体积之比)混合均匀。

将锥形瓶置于水浴恒温振荡器中,设置恒温温度 25 ℃,以恒定速度振荡一定时间。

振荡完成后,利用真空泵进行抽滤,并反复使用蒸馏水进行冲洗,直至滤液的 pH 值达到 6 以上,即认为冲洗干净。

将滤饼放入干燥箱干燥 24 h,完全干燥后,按国标进行烧灰,测量其灰分,根据灰分对比,初步分析各酸脱灰的最佳条件。

在最佳条件下制取各酸脱灰后的样品,然后进行铝甑干馏试验。因为本章要考察矿物质对干馏的影响,因此不用含油率来进行评定,而是采用页岩油产率,根据页岩油产率分析不同矿物质对干馏效果的影响。

由于不同粒度的油页岩本身灰分就不相同,为了比较脱灰效果,统一采用脱灰率来进行比较。脱灰率计算公式如下:

$$f = \frac{A_{ad,0} - A_{ad,1}}{A_{ad,0}} \times 100$$

式中　f——脱灰率,%;

　　　$A_{ad,0}$——原样空气干燥基灰分的质量分数,%;

　　　$A_{ad,1}$——酸洗后空气干燥基灰分的质量分数,%。

5.2　酸洗脱灰试验研究

5.2.1　HCl 酸洗试验

(1)油页岩粒度的影响

试验选取不同粒度(0～0.25 mm,0.25～1.00 mm,1.00～3.00 mm)的油页岩样品,采取固液比 1∶10,HCl 浓度为 5 mol/L,水浴恒温振荡 5 h,试验结果如表 5-4 所列。

表 5-4　不同粒度油页岩 HCl 酸洗试验结果

粒级/mm	原样/g	精矿产量/g	精矿产率/%	精矿灰分/%	脱灰率/%
0～0.25	10.00	7.81	78.10	48.01	4.72
0.25～1.00	10.00	8.07	80.70	38.80	12.75
1.00～3.00	10.00	8.18	81.80	38.51	10.27

图 5-1 为不同粒度油页岩 HCl 酸洗试验结果图,从图中可以看出,粒度对脱灰效果影响较为明显:对于粒度为 0～0.25 mm 的油页岩,脱灰率仅为 4.72%;而对于粒度为 0.25～1.00 mm 的油页岩,脱灰率最大,达到了 12.84%;对于粒度为 1.00～3.00 mm 的油页岩,脱灰率略有下降,为 10.27%。所以确定最佳酸洗粒度为 0.25～1.00 mm。

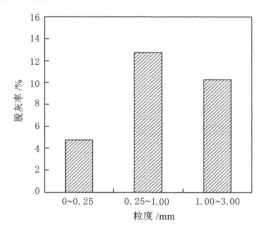

图 5-1　不同粒度龙口油页岩 HCl 酸洗试验结果

(2) 固液比的影响

试验选取粒度为 0.25～1.00 mm 的油页岩样品,HCl 的浓度为 5 mol/L,以不同的固液比(质量体积比,1:5,1:10,1:15,单位分别为 g 和 mL,下同)混合均匀,水浴恒温振荡 5 h,试验结果如表 5-5 所列。

表 5-5　不同固液比条件下 HCl 酸洗试验结果

固液比	原样质量/g	精矿产量/g	精矿产率/%	精矿灰分/%	脱灰率/%
1:5	10.00	8.10	81.00	40.01	10.03
1:10	10.00	8.07	80.70	38.80	12.75
1:15	10.00	8.11	81.10	39.45	11.29

图 5-2 为不同固液比条件下 HCl 酸洗试验结果图,从图中可以看出,固液比对脱灰效果有一定影响:当固液比为 1:5 时,脱灰率只有 10.03%;当固液比为 1:10 时,脱灰率最大,达到了 12.71%;当固液比到了 1:15 时,脱灰率反而会下降,为 11.29%。所以,最佳固液比为 1:10。

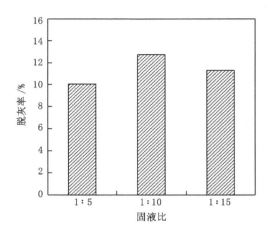

图 5-2　不同固液比条件下龙口油页岩 HCl 酸洗试验结果

（3）HCl 浓度的影响

试验选取粒度为 0.25～1.00 mm 的油页岩样品，用不同浓度的 HCl（3 mol/L，5 mol/L，7 mol/L），按固液比 1∶10 混合均匀，水浴恒温振荡 5 h，试验结果如表 5-6 所列。

表 5-6　不同 HCl 浓度条件下酸洗试验结果

HCl 浓度/(mol/L)	原样质量/g	精矿产量/g	精矿产率/%	精矿灰分/%	脱灰率/%
3	10.00	8.12	81.20	39.15	11.96
5	10.00	8.07	80.70	38.80	12.75
7	10.00	8.13	81.30	40.48	8.97

图 5-3 为不同 HCl 浓度条件下酸洗试验结果图，从图中可以看出，HCl 浓度对脱灰效果有很大影响：当 HCl 浓度从 3 mol/L 提高到 5 mol/L 时，脱灰率从 11.96％小幅提高到 12.75％；此后，当继续增加 HCl 浓度到 7 mol/L 时，脱灰率反而大幅下降到了 8.97％。所以，最佳 HCl 浓度为 5 mol/L。

（4）浸泡时间的影响

试验选取粒度为 0.25～1.00 mm 的油页岩样品，用浓度为 5 mol/L 的 HCl，按固液比 1∶10 混合均匀，水浴恒温振荡不同的时间（1 h，3 h，5 h），试验结果如表 5-7 所列。

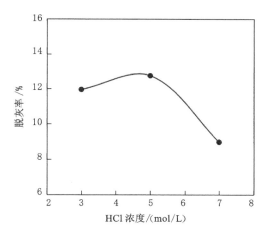

图 5-3　不同 HCl 浓度条件下酸洗试验结果

表 5-7　不同浸泡时间下 HCl 酸洗试验结果

浸泡时间/h	原样质量/g	精矿产量/g	精矿产率/%	精矿灰分/%	脱灰率/%
1	10.00	8.16	81.60	40.23	9.53
3	10.00	8.13	81.30	39.16	11.94
5	10.00	8.07	80.70	38.80	12.75

图 5-4 为不同浸泡时间下 HCl 酸洗试验结果图,从图中可以看出,浸泡时间对脱灰效果有一定影响:浸泡时间为 1 h 时,脱灰率为 9.53%;浸泡时间

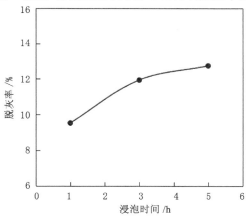

图 5-4　不同浸泡时间下 HCl 酸洗试验结果

为3 h时,脱灰率为11.94%;浸泡时间为5 h时,脱灰率为12.75%。脱灰率随着浸泡时间的增加而增加。在浸泡时间5 h的情况下,脱灰率达到最大,此后曲线趋于平缓,再增加浸泡时间对脱灰率的增加意义不大,所以,最佳浸泡时间为5 h。

本节考察了HCl酸洗油页岩脱灰的影响因素,最终确定HCl最佳的酸洗方案为:油页岩粒度0.25～1.00 mm,固液比1:10,HCl浓度5 mol/L,浸泡时间5 h,此条件下,油页岩脱灰率达到最大,为12.75%。

5.2.2 H_2SO_4酸洗试验

（1）油页岩粒度的影响

试验选取不同粒度(0～0.25 mm,0.25～1.00 mm,1.00～3.00 mm)的油页岩样品,采取固液比1:10, H_2SO_4浓度为3 mol/L,水浴恒温振荡5 h,试验结果如表5-8所列。

表5-8 不同粒度油页岩 H_2SO_4酸洗试验结果

粒级/mm	原样质量/g	精矿产量/g	精矿产率/%	精矿灰分/%	脱灰率/%
0～0.25	10.00	8.78	87.80	48.52	3.71
0.25～1.00	10.00	8.86	88.60	42.46	5.46
1.00～3.00	10.00	9.31	93.10	41.68	2.89

图5-5为不同粒度油页岩 H_2SO_4酸洗试验结果图,从图中可以看出,粒度

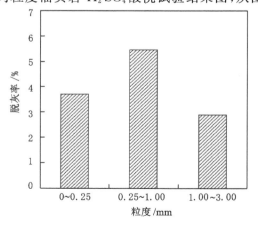

图5-5 不同粒度油页岩 H_2SO_4酸洗试验结果

对脱灰效果影响较为明显：对于粒度为 0～0.25 mm 的油页岩，脱灰率为 3.71％；粒度为 0.25～1.00 mm 的油页岩，脱灰率最大，达到了 5.46％；而粒度 1.00～3.00 mm 的油页岩，脱灰率仅为 2.89％。所以，最佳脱灰粒度为 0.25～1.00 mm。

（2）固液比的影响

试验选取粒度为 0.25～1.00 mm 的油页岩样品，H_2SO_4 的浓度为 5 mol/L，以不同的固液比（1∶5，1∶10，1∶15）混合均匀，水浴恒温振荡 5 h，试验结果如表 5-9 所列。

表 5-9　不同固液比条件下 H_2SO_4 酸洗试验结果

固液比	原样质量/g	精矿产量/g	精矿产率/％	精矿灰分/％	脱灰率/％
1∶5	10.00	8.99	89.90	42.58	4.25
1∶10	10.00	8.86	88.60	42.46	5.46
1∶15	10.00	9.08	90.80	42.88	3.58

图 5-6 为不同固液比条件下 H_2SO_4 酸洗试验结果图，从图中可以看出，固液比对脱灰效果有一定影响：当固液比为 1∶5 时，脱灰率为 4.25％；当固液比为 1∶10 时，脱灰率最大，达到了 5.46％；当固液比到了 1∶15 时，脱灰率反而会下降，为 3.58％。所以，最佳固液比为 1∶10。

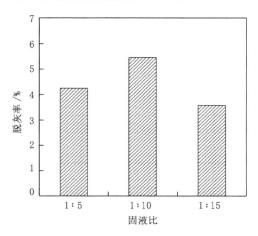

图 5-6　不同固液比条件下 H_2SO_4 酸洗试验结果

（3）H_2SO_4 浓度的影响

试验选取粒度为 0.25～1.00 mm 的油页岩样品，用不同浓度的 H_2SO_4（1 mol/L，3 mol/L，5 mol/L），按固液比 1：10 混合均匀，水浴恒温振荡 5 h，试验结果如表 5-10 所列。

表 5-10 不同 H_2SO_4 浓度条件下酸洗试验结果

H_2SO_4 浓度/(mol/L)	原样质量/g	精矿产量/g	精矿产率/%	精矿灰分/%	脱灰率/%
1	10.00	8.92	89.20	42.95	3.42
3	10.00	8.86	88.60	42.46	5.46
5	10.00	9.23	92.30	43.96	1.15

图 5-7 为不同 H_2SO_4 浓度下酸洗试验结果图，从图中可以看出，H_2SO_4 浓度对脱灰效果有很大影响：当 H_2SO_4 浓度从 1 mol/L 提高到 3 mol/L 时，脱灰率从 3.42％小幅提高到 5.46％；此后，当继续增加 H_2SO_4 浓度到 5 mol/L 时，脱灰率反而大幅下降，仅 1.15％，说明 H_2SO_4 浓度过高反而不利于脱灰的进行。所以，最佳 H_2SO_4 浓度为 3 mol/L。

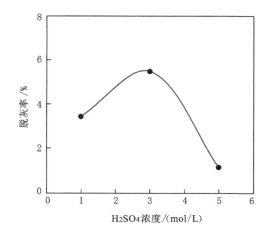

图 5-7 不同 H_2SO_4 浓度条件下酸洗试验结果

（4）浸泡时间的影响

试验选取粒度为 0.25～1.00 mm 的油页岩样品，用浓度为 5 mol/L 的 H_2SO_4，按固液比 1：10 混合均匀，水浴恒温振荡不同的时间（1 h，3 h，5 h），试验结果如表 5-11 所列。

表 5-11　不同浸泡时间下 H_2SO_4 酸洗试验结果

浸泡时间/h	原样质量/g	精矿产量/g	精矿产率/%	精矿灰分/%	脱灰率/%
1	10.00	9.24	92.40	43.27	2.70
3	10.00	9.06	90.60	42.42	4.61
5	10.00	8.86	88.60	42.46	5.46

图 5-8 为不同浸泡时间下 H_2SO_4 酸洗试验结果图,从图中可以看出,浸泡时间对脱灰效果有一定影响:脱灰率随着浸泡时间的增加而增加,在浸泡时间 5 h 的情况下,脱灰率达到最大,为 5.46%,此后曲线趋于平缓,再增加浸泡时间对脱灰率的增加意义不大。所以,最终确定浸泡时间为 5 h。

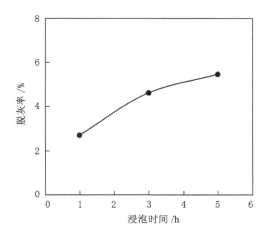

图 5-8　不同浸泡时间下 H_2SO_4 脱灰试验结果

本节考察了 H_2SO_4 酸洗油页岩脱灰的影响因素,最终确定 H_2SO_4 酸洗最佳方案为:油页岩粒度 0.25～1.00 mm,固液比 1:10,H_2SO_4 浓度 3 mol/L,浸泡时间 5 h。此条件下,油页岩脱灰率达到最大,为 5.46%。

5.2.3　HF 酸洗试验

（1）油页岩粒度的影响

试验选取不同粒度（0～0.25 mm,0.25～1.00 mm,1.00～3.00 mm）的油

页岩样品,采取固液比 1:10,HF 质量分数为 40%,水浴恒温振荡 5 h,试验结果如表 5-12 所列。

表 5-12 不同粒度油页岩 HF 酸洗试验结果

粒级/mm	原样质量/g	精矿产量/g	精矿产率/%	精矿灰分/%	脱灰率/%
0～0.25	10.00	5.83	58.30	25.29	49.81
0.25～1.00	10.00	6.39	63.90	18.17	59.14
1.00～3.00	10.00	6.64	66.40	17.86	58.39

图 5-9 为不同粒度油页岩 HF 酸洗试验结果图,从图中可以看出,粒度对脱灰效果影响较为明显:对于粒度为 0～0.25 mm 的油页岩,脱灰率 49.81%;而对于粒度为 0.25～1.00 mm 的油页岩,脱灰率最大,达到了 59.14%;对于粒度为 1.00～3.00 mm 的油页岩,脱灰率为 58.39%。所以,最佳脱灰粒度为 0.25～1.00 mm。

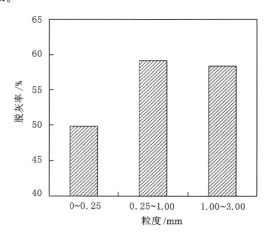

图 5-9 不同粒度油页岩 HF 酸洗试验结果

（2）固液比的影响

试验选取粒度为 0.25～1.00 mm 的油页岩样品,HF 的质量分数为 40%,以不同的固液比(1:5,1:10,1:15)混合均匀,水浴恒温振荡 5 h,试验结果如表 5-13 所列。

图 5-10 为不同固液比条件下 HF 酸洗试验结果图,从图中可以看出,固液比对脱灰效果有一定影响:当固液比为 1:5 时,脱灰率为 56.67%;当固液比为

1：10 时,脱灰率最大,达到 59.14％;当固液比为 1：15 时,脱灰率反而略有下降,为 57.21％。所以,最佳固液比为 1：10。

表 5-13　不同固液比条件下 HF 酸洗试验结果

固液比	原样质量/g	精矿产量/g	精矿产率/％	精矿灰分/％	脱灰率/％
1：5	10.00	6.47	64.70	19.27	56.67
1：10	10.00	6.39	63.90	18.17	59.14
1：15	10.00	6.43	64.30	19.03	57.21

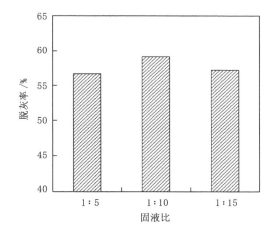

图 5-10　不同固液比条件下 HF 酸洗试验结果

（3）HF 浓度的影响

试验选取粒度为 0.25～1.00 mm 的油页岩样品,用不同质量分数的 HF (20％,30％,40％),按固液比 1：10 混合均匀,水浴恒温振荡 5 h,试验结果如表 5-14 所列。

表 5-14　不同 HF 浓度条件下酸洗试验结果

质量分数/％	原样质量/g	精矿产量/g	精矿产率/％	精矿灰分/％	脱灰率/％
20	10.00	6.50	65.00	20.69	53.47
30	10.00	6.45	64.50	19.94	55.16
40	10.00	6.39	63.90	18.17	59.14

图 5-11 为不同 HF 质量分数条件下酸洗试验结果图,从图中可以看出,HF 浓度对脱灰效果有很大影响:脱灰率随着 HF 质量分数的增加而增加,从 53.47％增加到了 59.14％。因为,试验所用 HF 最大质量分数即为 40％,所以,最佳 HF 质量分数为 40％。

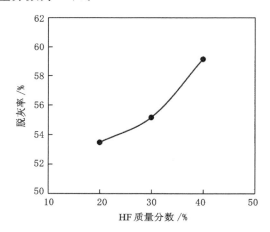

图 5-11 不同 HF 质量分数条件下酸洗试验结果

（4）浸泡时间的影响

试验选取粒度为 0.25～1.00 mm 的油页岩样品,用质量分数为 40％的 HF,按固液比 1：10 混合均匀,水浴恒温振荡不同的时间（1 h,3 h,5 h）,试验结果如表 5-15 所列。

表 5-15 不同浸泡时间下 HF 酸洗试验结果

浸泡时间/h	原样质量/g	精矿产量/g	精矿产率/％	精矿灰分/％	脱灰率/％
1	10.00	6.83	68.30	19.94	55.16
3	10.00	6.51	65.10	18.78	57.77
5	10.00	6.39	63.90	18.17	59.14

图 5-12 为不同浸泡时间下 HF 酸洗试验结果图,从图中可以看出,浸泡时间对脱灰效果有一定影响:脱灰率随着浸泡时间的增加而增加,在浸泡时间为 5 h 的情况下,脱灰率达到最大,此后曲线趋于平缓,再增加浸泡时间对脱灰率的增加意义不大。所以,确定最佳浸泡时间为 5 h。

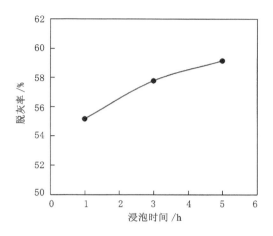

图 5-12　不同浸泡时间下 HF 酸洗试验结果

　　本节考察了 HF 酸洗油页岩脱灰的影响因素,最终确定 HF 脱灰的最佳方案为:油页岩粒度 0.25～1.00 mm,固液比 1∶10,HF 质量分数为 40%,浸泡时间 5 h,在此条件下,油页岩脱灰率达到最大,为 59.14%。

5.3　矿物质对油页岩干馏的影响研究

5.3.1　酸洗对矿物质的脱除效果研究

（1）XRD 分析

　　对最佳条件下经不同酸处理后的龙口油页岩样品进行 XRD 分析,分析结果见图 5-13。从图中可以看出,龙口油页岩原矿的矿物质主要以方解石、石英和高岭石等为主。原样经 HCl 酸洗处理后,代表方解石的衍射峰从图谱上消失,说明除去了油页岩中的方解石,但石英的衍射峰还依然存在,说明 HCl 酸洗并不能除去矿物质 SiO_2;原样经 H_2SO_4 酸洗处理,代表方解石的衍射峰从图谱上消失,但产生了新的代表石膏的衍射峰,石英的衍射峰没有变化,依然存在,说明 H_2SO_4 酸洗除去了油页岩中的方解石,但生成了新的矿物质石膏;原样经 HF 酸洗处理后,代表方解石及石英的衍射峰从图谱上消失,说明 HF 酸洗除去了油页岩中的方解石和石英。图谱中代表黄铁矿的衍射峰一直存在,说明这三种酸对黄铁矿均无脱除效果。

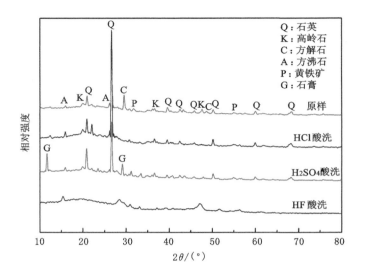

图 5-13　龙口油页岩原样及酸洗脱矿样的 XRD 图谱

（2）XRF 分析

最佳条件下经不同酸处理的油页岩中几种主要的矿物质含量如表 5-16 所列。

表 5-16　不同酸处理后油页岩中主要矿物质含量表　　　　　单位：%

物质	Al_2O_3	CaO	Fe_2O_3	SO_3	SiO_2	F	Cl
原样	12.26	15.57	8.39	5.46	51.93	0	0.07
HCl 酸洗	13.87	0.89	4.88	7.02	65.84	0	3.30
H_2SO_4 酸洗	13.64	5.58	3.46	12.29	61.14	0	0.07
HF 酸洗	13.57	38.67	6.55	8.60	1.08	21.19	0.06

对表 5-16 数据进行处理，换算成以原样为基准进行分析，可得如表 5-17 所列数据。

对表 5-17 进行分析，可以发现，油页岩经 HCl 酸洗后，与原样相比，矿物质含量的主要变化为 CaO 的含量减少了 95.39%。这是因为 HCl 可以与油页岩中的 $CaCO_3$（主要为方解石）反应，生成易溶于水的 $CaCl_2$ 和 CO_2。其反应方程式如下：

$$CaCO_3 + 2HCl \!=\!=\! CaCl_2 + CO_2 \uparrow + H_2O$$

表 5-17　不同酸处理后油页岩中主要矿物质分析表(以原样为基准)

物质		Al_2O_3	CaO	Fe_2O_3	SO_3	SiO_2	F	Cl
原样	含量/%	12.26	15.57	8.39	5.46	51.93	0	0.07
	基准/%	100.00	100.00	100.00	100.00	100.00	—	—
HCl 酸洗	含量/%	11.19	0.72	3.94	5.67	53.13	0	2.66
	变化率/%	−8.70	−95.39	−53.06	+3.76	+2.32	—	—
H_2SO_4 酸洗	含量/%	12.09	4.94	3.07	10.89	54.17	0	0.06
	变化率/%	−1.43	−68.25	−63.46	+99.43	+4.31	—	—
HF 酸洗	含量/%	8.67	24.71	4.19	5.50	0.69	13.54	0.04
	变化率/%	−29.27	+58.70	−50.11	+0.65	−98.67	—	—

原样经 H_2SO_4 酸洗后,与原样相比,矿物质含量的主要变化之一为 CaO 的含量减少 68.25%,而 SO_3 的含量增加了 99.43%,说明 H_2SO_4 只能部分脱除油页岩中的 Ca。这是因为 H_2SO_4 与油页岩中的 $CaCO_3$ 反应生成的 $CaSO_4$ 是微溶的,会有部分形成沉淀附着在油页岩上,所以导致 Ca 的含量降低、S 的含量增加。其反应方程式如下:

$$CaCO_3 + H_2SO_4 = CaSO_4 \downarrow + CO_2 \uparrow + H_2O$$

原样经 HF 酸洗后,与原样相比,矿物质含量的主要变化有 Al_2O_3 的含量降低了 29.27% 以及 SiO_2 的含量降低了 98.67%,说明 HF 与油页岩中的高岭石 ($Al_2O_3 \cdot 2SiO_2 \cdot 2H_2O$)以及石英($SiO_2$)反应,达到除去部分 Al 及几乎全部 Si 的效果;而酸洗后 F 元素含量的大量提高,是因为 HF 与 $CaCO_3$ 反应生成的 CaF_2 是难溶的沉淀,附着在油页岩上。其反应方程式如下:

$$Al_2O_3 \cdot 2SiO_2 \cdot 2H_2O + 18HF = 2H_2SiF_6 + 2AlF_3 + 9H_2O$$
$$SiO_2 + 4HF = SiF_4 \uparrow + 2H_2O$$
$$CaCO_3 + 2HF = CaF_2 \downarrow + CO_2 \uparrow + H_2O$$

5.3.2　油页岩干馏产物分析

由上述分析可知,HCl 酸洗可以脱除油页岩中的碳酸盐,H_2SO_4 可以使油页岩中的碳酸盐变为硫酸盐,而 HF 可以脱除油页岩中的硅酸盐。

分别取油页岩原样 200 g 按三酸酸洗的最佳条件进行试验,试验结果如表 5-18 所列。

表 5-18　不同酸洗油页岩结果

处理方法	处理前质量/g	处理后质量/g	精矿产率/%
原样	200	200.0	100.00
HCl 酸洗	200	161.4	80.70
H_2SO_4 酸洗	200	177.2	88.60
HF 酸洗	200	127.8	63.90

从以上四种方法处理后所得样品中分别取出 50 g 去铝甑干馏,试验结果如表 5-19 所列。

表 5-19　不同酸洗后的油页岩干馏结果

处理方法	页岩油质量/g	页岩油产率/%	热解水产率/%	热解气产率/%
原样	6.17	12.34	6.50	6.50
HCl 酸洗	6.52	13.04	6.70	6.10
H_2SO_4 酸洗	7.34	14.67	6.50	4.76
HF 酸洗	10.20	20.40	6.30	9.10

为了能统一比较碳酸盐、硫酸盐和硅酸盐对干馏的影响,下面采用原矿为基准来表示各热解产物产率。

经换算后数据如表 5-20 所列。

表 5-20　以油页岩原矿为基准的各热解产物产率

处理方法	热解产物产率/%		
	页岩油	热解水	热解气
原样	12.34	6.50	6.50
HCl 酸洗	10.52	5.41	4.92
H_2SO_4 酸洗	13.00	5.76	4.22
HF 酸洗	13.04	4.03	5.81

将表 5-20 绘制成柱状图,如图 5-14 所示。

油页岩原样经 HCl 处理后,可以脱去碳酸盐矿物,此时干馏后页岩油的产率反而降低,说明碳酸盐促进油页岩热解生成页岩油;气体产率下降,说明干馏

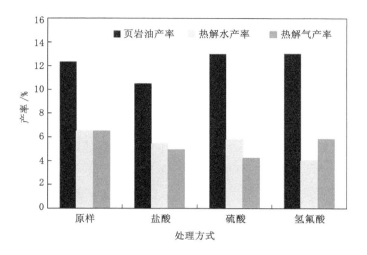

图 5-14　以原矿为基准的各热解产物产率比较

过程中,碳酸盐的存在会增大热解气,例如方解石分解释放二氧化碳。

　　油页岩原样经 H_2SO_4 处理后,可以将碳酸盐矿物转换成硫酸盐矿物,此时干馏后页岩油的产率增加,说明硫酸盐促进油页岩热解生成页岩油,并且促进作用比碳酸盐更强。

　　油页岩原样经 HF 处理后,可以脱去硅酸盐矿物,此时干馏后页岩油的产率相比于经 HCl 处理后增加,说明硅酸盐抑制油页岩热解生成页岩油,同时热解水产率有明显下降,说明干馏过程中,硅酸盐增大热解水,黏土矿物释放层间水和结构水。

　　为了进一步分析油页岩经化学分选后带来的经济价值的提高,将试验中数据换算成以每吨油页岩原矿为基准,得到表 5-21。

表 5-21　每吨原矿油页岩经不同酸处理后页岩油产量

处理方法	精矿产量/t	精矿产率/%	页岩油产量/kg
原样	1.000	100.00	123.4
HCl 酸洗	0.807	80.70	105.2
H_2SO_4 酸洗	0.886	88.60	130.0
HF 酸洗	0.639	63.90	130.4

　　由表 5-21 中数据可以发现,油页岩经 H_2SO_4 和 HF 处理后再干馏,页岩油

产量有明显提升,从 123.4 kg/t 原矿提高到了 130.0 kg/t 原矿和 130.4 kg/t 原矿,分别提高了 5.35% 和 5.67%。因为 HF 价格较为昂贵,但 H_2SO_4 价格低廉,处理成本很低,且处理后干馏效果提高明显,所以,可以考虑对油页岩预先进行 H_2SO_4 处理,然后再去干馏,可以减少干馏量,增加经济效益。

5.3.3 热重分析

通过热重(TG)分析仪对龙口油页岩原矿和各酸酸洗后样品进行热解分析,基于样品的热失重特性解析矿物质对油页岩热解的影响。图 5-15 为龙口油页岩原样和各酸酸洗后样品 TG 曲线及 DTG(微分热重)曲线。

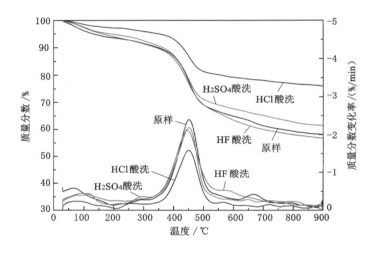

图 5-15 龙口油页岩原样和各酸酸洗后样品 TG 曲线及 DTG 曲线

从图 5-15 中可以发现,龙口油页岩原样 DTG 曲线有三个失重峰:在120 ℃ 出现第一个失重峰,主要是对应吸附水的脱除;而后失重速率放缓,但当温度高于 365 ℃ 时,失重速率逐渐增大,并在 365～530 ℃ 的范围出现第二个失重峰,这主要是由油母质的分解引起的;随着温度进一步升高,在 600～750 ℃ 的温度范围内出现第三个失重峰,这主要是由于碳酸盐矿物的分解,并且此峰经过酸处理后消失。HCl 酸洗后,脱除了油页岩中的碳酸盐矿物,结果油页岩的失重量和最大失重速率明显降低,这说明碳酸盐类化合物可以催化油母质的分解。通过图 5-15 比较分析,可以发现与 HCl 酸洗相比,H_2SO_4 酸洗和 HF 酸洗后的样品其最大失重量和最大失重速率均提高,这些表明硫酸盐对油母质的热解很可能也有催化作用,而硅酸盐对油母质的分解有抑制效果。畅志兵等人[1]通过对桦甸油页岩热解的研究,也发现了碳酸盐的催化作用和硅酸盐的抑制作用。

表 5-22 给出了原料和酸处理油页岩样品热解的特征温度,包括失重起始温度(T_{onset})、最大失重速率温度(T_{max})和失重最终温度(T_{final})。从表中可以看出,各酸酸洗后的样品失重起始温度下降了约 40 ℃,说明酸洗后油母质的分解更容易发生。分析这是因为酸洗可以增加样品的孔隙度,促进传热和传质过程,有利于提高油页岩的热解效率。

表 5-22　油页岩原样和各酸酸洗后样品热解失重的特征参数

样品	T_{onset}/℃	T_{max}/℃	T_{final}/℃
原样	365	452	531
HCl 酸洗	332	451	529
H_2SO_4 酸洗	325	450	532
HF 酸洗	322	446	534

5.4　本章小结

本章主要研究了油页岩酸洗脱灰的影响因素以及酸洗对油页岩干馏的影响。

(1)油页岩酸洗脱灰的最佳条件为:HCl 酸洗为粒度 0.25～1.00 mm,固液比 1:10,浸泡时间 5 h,HCl 浓度 5 mol/L;H_2SO_4 酸洗为粒度 0.25～1.00 mm,固液比 1:10,浸泡时间 5 h,H_2SO_4 浓度 3 mol/L;HF 酸洗为粒度 0.25～1.00 mm,固液比 1:10,浸泡时间 5 h,HF 质量分数 40%。

(2)HCl 可以有效地脱除油页岩中的碳酸盐类矿物(主要是方解石),H_2SO_4 可以将油页岩中的碳酸盐类矿物转变成硫酸盐类矿物,HF 可以脱除油页岩中硅酸盐类矿物以及石英。

(3)通过热解产物产率分析及热重分析,发现碳酸盐类矿物可以促进油页岩热解生成页岩油,硫酸盐也许具有比碳酸盐更强的促进生油作用,硅酸盐抑制热解生成油。

(4)油页岩经酸洗脱灰后,以原矿为基准分析,除了 HCl 酸洗处理外,H_2SO_4 和 HF 两种酸酸洗后干馏的页岩油产量均有提高,原矿页岩油产量为

123.4 kg/t 原矿,经 H_2SO_4 酸洗后提高到了 130.0 kg/t 原矿,提高了 5.35%,经 HF 酸洗后提高到了 130.4 kg/t 原矿,提高了 5.67%。

（5）考虑 HF 成本昂贵,最终确定化学分选最佳的方案为 H_2SO_4 酸洗,酸洗条件为：H_2SO_4 浓度 3 mol/L,粒度 0.25～1.00 mm,固液比 1∶10,酸浸时间 5 h。此条件下精矿产率为 88.6%,精矿页岩油产率为 14.67%。

参考文献

[1] 畅志兵,初茉,张超,等.酸洗脱矿对油页岩热解失重特性及动力学的影响 [J].矿业科学学报,2018(3):290-298.